文/〔英〕约翰·范登
图/〔美〕史帆·佩特

U0155370

生动的科学

元素周期表

译/朱梦珂

北京语言大学出版社
BEIJING LANGUAGE AND CULTURE
UNIVERSITY PRESS

目　录

寻找你最喜欢的元素

铱

He

同一区块的元素发生化学反应的方式相似，你可以通过本书6—7页《元素周期表》上面元素对应的颜色来判断它属于哪个区块。

碱金属　　碱土金属　　过渡元素　　贫金属　　准金属　　非金属　　卤族元素　　稀有气体　　镧系　　锕系

原子大家庭

欢迎来到

　　你有没有想过,你的身体是由什么构成的?汽车是由什么构成的?大海呢?天空和星星呢?小猫小狗呢?……你也许会觉得这一切太复杂了,你永远不可能了解;你也许会猜测,这些事物是由几百万或数十亿种不同的东西构成的。不,完全不是这样!你根本想不到,它们都是由94种自然产生的物质构成的,这些物质被称为元素。它们可以通过亿万种方式组合在一起。所以说,你只要用这94种元素就可以构造出宇宙中的一切。

大约150年前，一位名叫德米特里·门捷列夫的俄国科学家发现，所有元素都可以排列在一个叫作元素周期表的特殊档案中。我们将带你进入门捷列夫先生伟大而神奇的元素周期表，去见识里面每一个重要的角色。这里有所有的94种自然元素，另外还有24种元素是科学家们像变戏法一样在实验室里合成出来的，它们很容易衰变，只能短暂存在。

每一种元素都有自己专有的原子，不同元素的原子相互区别，是因为它们的核心（或者叫原子核）中有着不同数量的更小的质子。所以，每种元素都有自己的序号，也叫原子序数——它的原子核中质子的数量。

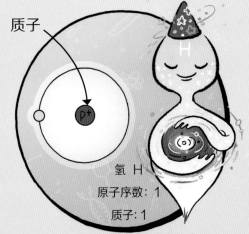

质子

氢 H
原子序数：1
质子：1

在原子核外面，还有与质子数量相等的被称为电子的微小粒子，正围绕着原子核嗖嗖转动。它们控制着某种原子与其他原子的反应。

电子

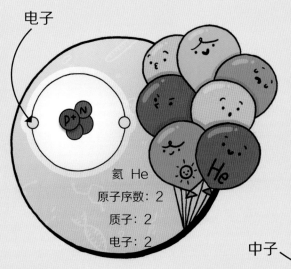

氦 He
原子序数：2
质子：2
电子：2

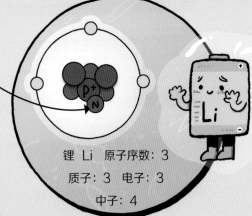

中子

锂 Li 原子序数：3
质子：3 电子：3
中子：4

原子核中还有一种叫作中子的粒子，但它们不是本书关注的重点。

元素周期表

探索元素世界的地图

现在，就让我们一起走进化学元素的世界吧！从最轻的原子出发，就是左上角的第一个——氢，然后沿着每一行从左向右移动，每走一步，原子就会变得重一点儿。最后你会来到最重的原子这里，就是右下角的第118个——氫。

元素周期表中从上到下的每一列称为族，同族元素往往具有相似的性质。

元素周期表中的每一横行叫作周期，同一周期的原子序数从左向右依次递增。

| H 1 氢 |
Li 3 锂	Be 4 铍
Na 11 钠	Mg 12 镁
K 19 钾	Ca 20 钙
Rb 37 铷	Sr 38 锶
Cs 55 铯	Ba 56 钡
Fr 87 钫	Ra 88 镭

Sc 21 钪	Ti 22 钛	V 23 钒	Cr 24 铬	Mn 25 锰	Fe 26 铁	Co 27 钴
Y 39 钇	Zr 40 锆	Nb 41 铌	Mo 42 钼	Tc 43 锝	Ru 44 钌	Rh 45 铑
La–Lu 57–71 镧系	Hf 72 铪	Ta 73 钽	W 74 钨	Re 75 铼	Os 76 锇	Ir 77 铱
Ac–Lr 89–103 锕系	Rf 104 𬬻	Db 105 𬭊	Sg 106 𬭳	Bh 107 𬭛	Hs 108 𬭶	Mt 109 鿏

| La 57 镧 | Ce 58 铈 | Pr 59 镨 | Nd 60 钕 | Pm 61 钷 | Sm 62 钐 |
| Ac 89 锕 | Th 90 钍 | Pa 91 镤 | U 92 铀 | Np 93 镎 | Pu 94 钚 |

化学符号
原子序数

每种元素对应的格子都是一张小卡片，上面有：

· 化学符号，由1~2个字母组成的身份代号；

· 原子序数，也就是质子数。

元素周期表中的不同颜色代表不同区块，同一区块的元素具有非常相似的特性。你可以在第3页下方找到它们的名字。

He						2
						氦

B 5	C 6	N 7	O 8	F 9	Ne 10
硼	碳	氮	氧	氟	氖
Al 13	Si 14	P 15	S 16	Cl 17	Ar 18
铝	硅	磷	硫	氯	氩
Ga 31	Ge 32	As 33	Se 34	Br 35	Kr 36
镓	锗	砷	硒	溴	氪
In 49	Sn 50	Sb 51	Te 52	I 53	Xe 54
铟	锡	锑	碲	碘	氙
Tl 81	Pb 82	Bi 83	Po 84	At 85	Rn 86
铊	铅	铋	钋	砹	氡
Nh 113	Fl 114	Mc 115	Lv 116	Ts 117	Og 118
鿭	铁	镆	鉝	鿬	鿫

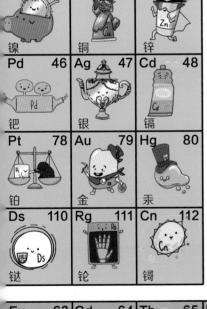

Ni 28	Cu 29	Zn 30
镍	铜	锌
Pd 46	Ag 47	Cd 48
钯	银	镉
Pt 78	Au 79	Hg 80
铂	金	汞
Ds 110	Rg 111	Cn 112
𫟼	𬬭	鿔

Eu 63	Gd 64	Tb 65	Dy 66	Ho 67	Er 68	Tm 69	Yb 70	Lu 71
铕	钆	铽	镝	钬	铒	铥	镱	镥
Am 95	Cm 96	Bk 97	Cf 98	Es 99	Fm 100	Md 101	No 102	Lr 103
镅	锔	锫	锎	锿	镄	钔	锘	铹

谁最先熔化?

第1族：嘶嘶响的元素

哇，这些家伙可不好惹！它们是一些排列在元素周期表最左边的金属*，是所有元素中最活泼的。它们的反应性很强，水会让它们发出可怕的"嘶嘶"声，没准儿还会发出"砰"的一声。正因为这样，你才很少见到这些家伙单独出现——它们总是跟其他元素结合在一起。

*包括氢。这个族的其他6种元素都是金属，所以叫作碱金属族。但是氢也在这一族里，它其实是一种气体，所以显得格格不入。唉，好尴尬！

第1族：
它们原子的最外层只有一个电子，在化学反应中特别容易失去。

相对原子质量

1.00794

第1族和第2族的所有元素在与水反应时，都会形成碱性（与酸性相反的）溶液。

第1族：碱金属

H	1
氢	

第2族：碱土金属

Li	3	Be	4
6.941	锂	铍	9.012

Na	11	Mg	12
22.98977	钠	镁	24.305

K	19	Ca	20
39.0983	钾	钙	40.078

Rb	37	Sr	38
85.468	铷	锶	87.62

Cs	55	Ba	56
132.905	铯	钡	137.327

Fr	87	Ra	88
钫		镭	

第2族：冒气泡的元素

排在那些嘶嘶响的元素后面的，是一列冒气泡的金属元素。这些家伙的反应性并不算超级强烈，但也绝对不容小觑。它们接触到水时，可能不会立即爆炸，但会产生氢气气泡，而氢气会"砰"的一声爆炸！因此，它们也很少单独出现。这些家伙被称为碱土金属，因为它们常混合在土质矿物中。

（Fr）223

（Ra）226

第2族：
它们原子的最外层有两个电子，所以被原子核抓得更紧一点儿。

 锂

 镁

 铍

181℃   650℃   1287℃

1

H

1.00794*

氢

目前宇宙中
最轻、最常见的原子

H

是它让恒星
发光放热

持续燃烧，

氢气是一种非常非常轻的气体，是人类目前发现的最轻的气体。

在一个世纪以前，人们用氢气来填充气球，让它们带着自己飞向天空。但氢气也是超级易爆的，在经历过许多惨痛的事故之后，人们才开始使用氦气或热空气来填充气球。这就安全多了！

*在我们的元素卡片上，这里的数字代表元素的相对原子质量。

一切从这里开始

氢燃料在未来可以用于制造超级清洁发动机，它在燃烧时不会产生刺鼻的烟雾，只会产生纯净的水。

氢原子排在第一位，它只有一个质子和一个电子，这就是它如此之轻的原因。氢形成于宇宙之初，其他所有元素都是在它之后形成的。直到现在，宇宙中75%的物质仍是氢。

恒星主要由氢元素构成。实际上，恒星之所以发光，主要是因为里面的氢在不间断的核反应中持续剧烈燃烧。而当恒星的氢燃烧殆尽时，就会坍缩，于是里面的氢原子就会被挤压在一起，变成其他元素的原子。

氢在元素组合方面也有着神奇的表现。氢原子喜欢和氧原子结合形成水，这对生命体是至关重要的。此外，它们还以各种方式与碳原子（还有氧原子）结合，制造出几乎所有生命体所需的固体物质，比如蛋白质。

一秒钟之内，太阳可以把6亿吨的氢元素转化为氦元素！这种核反应产生的一小部分能量以光和热的形式来到地球，为所有生命过程提供源源不断的动力。

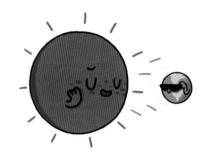

[氢] 20℃下：气体　熔点：-259℃　沸点：-253℃　颜色：无色

锂是一种金属，但是它很轻，可以漂浮在水上。

锂还很软，你可以用黄油刀轻松地把它切开。但是，它的反应性很强——如果把水洒在上面，它就会立刻从水中制造出高度易燃的氢气气泡。为了防止锂在潮湿的空气中发生反应，你必须在它的表面涂满凡士林！如果把锂加热，它会烧得通红，然后与空气中的氧气结合，发出耀眼的光芒。

超级充电器

锂很古老，非常古老！锂原子是宇宙起源时便已存在的3种原子之一（另外两种是氢原子和氦原子）。它有3个质子，因此通常也只有3个电子。

但是，锂原子的3个电子中有一个单独在最外面的电子层中。正是这个孤独的电子使得锂更加容易发生反应，因为它总是试图与其他元素组合在一起。也正是这一特点，让锂在电力储存方面有着出色的表现！我们的手机或电脑里的电池依赖于一种特殊的充电性能超级好的锂材料——锂离子。

但问题是，锂元素现在已经非常稀少了。事实上，它在地球的自然环境中从来都不是单独存在的。锂被禁锢在一些稀有的岩石中，分布在澳大利亚、智利和中国等地，你必须通过开采岩石进行熔炼才能得到它。

失去最外层电子的锂原子，变成了带正电荷的锂离子。

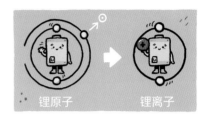

锂原子   锂离子

当你给手机充电时，成群的锂离子会被输送到电池的一端；而当你打开手机后，这些锂离子又会纷纷跑回另一端。

[锂] 20℃下：固体   熔点：181℃   沸点：1342℃   颜色：银白色

钠就像一种金属鞭炮。它很轻,可以漂浮在水上。如果你把一小粒钠放在水中,它会立即融化,在水面上嗖嗖乱窜,嘶嘶作响,冒出橙色的火焰,然后爆炸! *钠也很软,可以用刀切割。**钾也是一种堪比鞭炮的金属。**它和钠一样,也可以漂浮在水上。如果你把一小粒钾丢进水里,它同样会立即融化,在水面上嗖嗖乱窜,嘶嘶作响,冒出淡紫色的火焰,然后爆炸!如果是一大团钾,则会先沉入水中,产生大量氢气,然后发生一场剧烈的爆炸!*

*千万不要尝试这样做,因为极其危险!

14

太阳和其他恒星因为钠的燃烧而发出黄色的光芒。有些路灯也是如此，里面的钠蒸气会发出明亮的黄色光。这种光有很强的穿透力，可以穿透浓雾。不过，钠最拿手的本领还是和氯结合在一起，形成氯化钠——盐！

纯净的钠在自然界中非常罕见，而盐却广泛存在。海洋里溶解有5000万亿吨盐！我们的身体里也有盐，它在细胞的化学反应中起着关键作用。如果没有盐，人类就没法儿生存。

[钠] 20℃下：固体　熔点：98℃
沸点：883℃　颜色：银白色

每年大约有2.5亿吨食盐从地下被开采出来。人们把热水泵入地下，去溶解那里的盐，然后再抽回地面上来，把水蒸发掉，这样就剩下了盐。

运动过后，你疲劳的身体会非常需要钾。

钾元素存在于许多食物中，最为人们熟知的是香蕉。

像钠一样，纯净的钾在自然界中也非常罕见，但周围环境中有很多含钾的化合物。如果没有钾就不会有生命。钾是一种重要的肥料元素，能够帮助植物生长。像钠一样，钾对人体至关重要，在细胞的化学机能中发挥着核心作用。钠主要作用在细胞外，而钾主要作用在细胞内。

蝎子在蜇咬动物时，会向其体内注入钾盐，让它们瘫痪乃至死亡。但幸运的是，对于人类来说，这多半只会让我们感到非常痛苦，但一般不会致命。

[钾] 20℃下：固体　熔点：63℃
沸点：759℃　颜色：银白色

4

Be

9.012182

铍

超轻、超硬的金属，适合造宇宙飞船

超轻、超硬的金属

Be

巨人的宝石

　　铍几乎是所有金属中最轻的。锂虽然比它更轻，但是太软了。铍则非常坚硬，不容易被腐蚀，只有在很高的温度下才会熔化。所以说，它是最适合用来制造宇宙飞船的金属。对了，它还能形成美丽的宝石，比如祖母绿和海蓝宝石。但唯一的问题是，它非常稀缺。

好大的宝石

铍的邻居氢、氦和锂都是在宇宙诞生之初形成的。但奇怪的是，铍的出现却非常晚。事实上，它只有在巨大恒星发生超新星爆炸时才能产生。这正是它如此罕见的原因。也许某些恒星上会有很多铍，但你在地球上肯定不会找到太多！

铍在地下以绿柱石和羟硅铍石等矿物的形式存在。绿柱石会形成多种美妙的宝石，由于形成条件的不同而呈现出不同的颜色。有光彩夺目的祖母绿，有深蓝色的海蓝宝石，还有粉红色的莫甘石和黄色的日光石。更重要的是，绿柱石可以生长成像树干一样庞大的晶体！在马达加斯加的马拉基里纳发现的一颗绿柱石单晶体，长 18 米，直径超过 3.4 米，重达 380 吨，真是一个"巨无霸"！

2017 年，一颗属于美国洛克菲勒家族的祖母绿卖出了 551.15 万美元的天价！

铍非常坚硬，能把中子反弹回去，因此被用在核弹头上来加强爆炸的威力。

我要把我的房间涂成绿柱石色。

[铍] 20℃下：固体　熔点：1287℃　沸点：2468℃　颜色：银白色

12
Mg
24.305

镁

像烟花一样燃烧时发出**强烈的白光**

Mg

镁绝对是一个嘶嘶响、暴脾气的家伙。像太阳一样，镁在燃烧时会发出明亮的白光。当它是固体金属形态时，不那么容易被点燃；但如果把它磨成粉末，或抽拉成条状，那它就能剧烈地燃烧起来。镁在与其他元素结合方面也有着神奇的表现，生活中经常会遇到镁的化合物。

白色的光

镁虽然只是一种金属，但生物真的非常需要它。首先，是它让植物的叶片生长成绿色，因为它是构成叶绿素的关键成分。叶绿素让叶片成为太阳能发电站，从太阳中吸收能量，供应植物生长。如果没有镁，叶片就会泛黄，植物就会死亡。

人体同样也需要镁。它对于酶的形成至关重要，酶又是维持我们身体正常工作的化学信使。而且，镁对我们的骨骼健康也十分重要。如果你的身体缺少镁，就要多吃一些坚果、黑巧克力和绿叶蔬菜。

不过，它最拿手的本事还是制造闪光。过去，摄影师在拍照时会使用镁光灯来提供明亮的光线。另外，你还可以在照亮夜空的烟花中找到它！

工程师们在铝中加入镁，制造出超级坚硬且十分轻便的汽车、飞机，甚至笔记本电脑。

镁粉可以用来制造绚烂的烟花，燃烧时发出明亮、强烈的白光。而且，你还可以往里面添加各种金属盐来赋予它不同的颜色，比如添加氯化钡呈现为绿色，添加氯化锶呈现为红色，添加钠盐呈现为黄色。

过去，摄影师会使用镁光灯来打光。

喊 茄子！

[镁] 20℃下：固体　熔点：650℃　沸点：1090℃　颜色：银白色

钙本身是一种柔软的灰色金属，但与其他元素（如碳）结合在一起时，就会变成白色，并且像岩石一样坚硬。你需要用钙来生长成自己的骨头，而贝类也要靠它来长成自己的贝壳。从骨头、牙齿到贝壳、摩天大楼，如果你想要一个坚固的结构，那么钙是你绝对可以信赖的好帮手！

它支撑着你

你的身体里有 1 千克钙！但它并不会在里面叮当作响，因为它主要以磷酸钙的形式存在。磷酸钙是一种白色粉末，但十分坚硬，而正是它构成了我们骨骼中最坚硬的部分。

贝类的壳是由碳酸钙构成的。事实上，在漫长的地质时代中，曾有无数古老的贝壳堆积在海床上，最终形成了广阔的钙化合物岩床（被称为石灰岩）。此外还有白垩，这是一种白色的、质地柔软的岩石，几乎全部由纯净的碳酸钙构成。

石灰岩可以被切割成建筑用的石块，还可以被碾成粉末，与沙子、水和砾石混合，制成砂浆、水泥和混凝土。埃及金字塔就是用黏稠的石灰岩水泥把石块粘在一起的，如果没有混凝土，世界上就不会有摩天大楼！

把醋倒在一个由碳酸钙构成的东西上，你会看到它在嘶嘶冒泡！戴好护目镜，避免溅到眼睛里！

19 世纪 20 年代，托马斯·德拉蒙德发现灼烧生石灰（氧化钙）可以发出明亮的光线。演员们非常喜欢这种石灰光！

[钙] 20℃下：固体　熔点：842℃　沸点：1484℃　颜色：银灰色

37
Rb
85.468

铷会在你的手心里融化，但你千万别碰它，因为它一接触到水就会爆炸。如果不给它涂上一层油脂，它就会起火！铷还会产生一种极其有规律的辐射，每秒刚好6834682610.904324次——因此，铷被用作世界上最精确的原子钟的计数器。

[铷] 20℃下：固体　熔点：39℃
沸点：688℃　颜色：银白色

铯是铷的金色孪生兄弟，也可以用于原子钟计数。像铷一样，它会与水发生剧烈反应，需要涂上一层油脂以防止着火。你只需要挑一个温暖的日子，就能让它熔化……

55
Cs
132.90545

[铯] 20℃下：固体　熔点：28℃
沸点：671℃　颜色：银金色

38
Sr
87.62

锶是一种非常活跃的导电金属！当它遇到水时，会喷发出气体；遇到空气时，会变成黄色，并可能突然燃烧起来。尽管天然的锶是温和而平静的，但它的同位素锶-90却具有危险的放射性。锶盐可以制造出鲜艳的红色烟花，含有铝酸锶的油漆可以在黑暗中发光。你也许想不到，在牙膏中加入一点点锶盐可以帮助你缓解牙痛。

[锶] 20℃下：固体　熔点：777℃
沸点：1382℃　颜色：银灰色

56 Ba 137.327

钡

钡单独存在时，具有很强的反应性，并且能够在黑暗中发光。但大多数情况下，它会与其他元素结合在一起，形成非常密实的粉末，如硫酸钡（又叫钡餐）。在医院里，患有胃病的病人可能需要吞下这种钡餐，这样它就会滞留在胃和肠道内，然后通过仪器扫描显示出来。

[钡]20℃下：固体　熔点：727℃
沸点：1845℃　颜色：银灰色

钫

87 Fr 223

钫具有超强的放射性。这意味着它的原子会源源不断地放射出粒子射线，然后发生衰变。被这种射线猛烈轰击是非常危险的。钫同样是由锕经过放射衰变形成的。但是，钫本身的射线只能持续22分钟，然后就会发生衰变。因此，钫是世界上最稀有的金属。

[钫]20℃下：固体　熔点：27℃
沸点：680℃　颜色：未知

88 Ra 226

镭

镭是第二有名的放射性元素，是由波兰裔法国化学家玛丽·居里发现的，当时她在实验室里看见镭正在黑暗中发光。人们曾把镭当作治疗疾病的灵丹妙药和孩子们有趣的玩具，但现在我们知道，镭具有很强的放射性，非常危险！

[镭]20℃下：固体　熔点：700℃
沸点：1737℃　颜色：白色

关于原子

原子是一团团微小的、模糊的能量云，它们的中心有一个核心，叫作原子核。原子核由许多紧密结合在一起的粒子组成，其中包括质子和中子。原子核外面还有一些超级微小的电子，围绕着原子核嗖嗖转动，形成一朵电子云。

每向原子中加入一个质子，就会诞生一种新的元素。当然，通常还需要添加一个电子。电子在原子核外呈环状或层状排列，而新电子大多会被添加在最外层或次外层中。但是，每个电子层可以容纳的电子数量是有限的，一旦旧的电子层被填满，就要建立一个新的电子层。

原子靠电力结合为一个整体，电子带负电荷，质子带正电荷。正负电荷互相吸引，所以即使嗖嗖转动的电子很想逃走，也会被质子牢牢地抓住。至于中子，则是不带电荷的。

离子和同位素

通常来说，原子里有和质子数量相等的中子和电子。但也并非总是如此，有的原子会失去或获得电子，变成离子；有的原子会失去或获得中子。这些质子数相同而中子数不同的原子互称为同位素。

钠原子　　失去　　钠离子
最外层的电子

当一个钠原子失去最外层的电子时，就变成了一个带正电荷的钠离子，因为它的质子数比电子数多。钠离子的化学符号标记为Na^+。

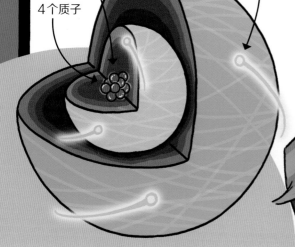

5个中子
4个质子
4个电子

原子核占原子质量的99.9%。这是一个铍原子的模型。

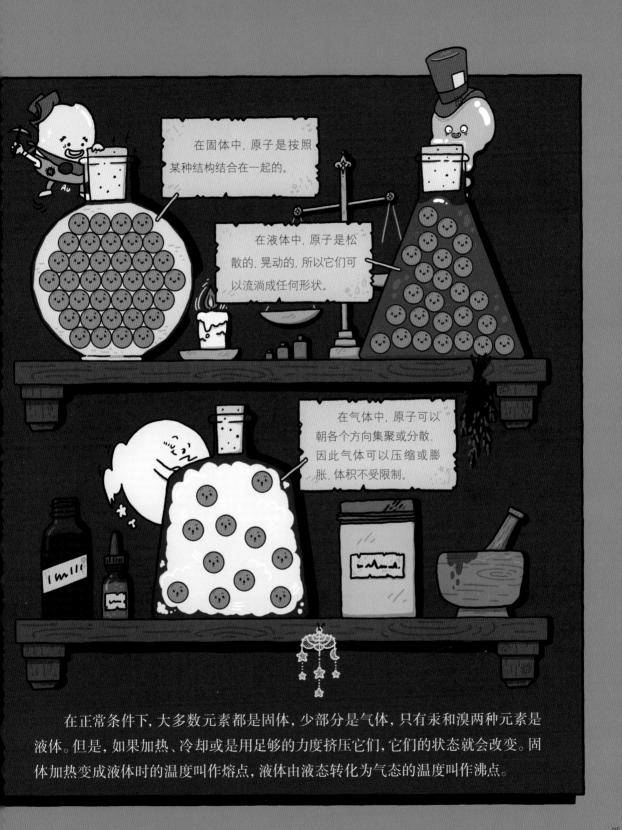

在固体中，原子是按照某种结构结合在一起的。

在液体中，原子是松散的、晃动的，所以它们可以流淌成任何形状。

在气体中，原子可以朝各个方向集聚或分散，因此气体可以压缩或膨胀，体积不受限制。

在正常条件下，大多数元素都是固体，少部分是气体，只有汞和溴两种元素是液体。但是，如果加热、冷却或是用足够的力度挤压它们，它们的状态就会改变。固体加热变成液体时的温度叫作熔点，液体由液态转化为气态的温度叫作沸点。

硬金属

欢迎来到第3到12族，来认识各种主要金属。

谁最先熔化？

 汞 −39°C

 银 962°C

 金 1064°C

 铜 1084°C

过渡元素

说到金属，这些家伙才是真正的金属元素：铁、铜、金、铂、钛、锌……它们都很硬*，而且大多数都非常闪亮。当然，有些金属元素如果暴露在空气中太久，确实会失去光泽，像铁这样的，甚至还会生锈！但大多数情况下，这个族群是稳定的，而且有良好的导热和导电性能。

*除了汞！汞是一种液体，完全没有硬度。但是，你只需要把它冷却到一定温度，它就会变成像锡一样硬的固体。

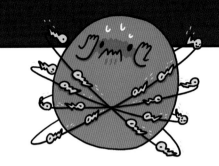

对于前面那些嘶嘶响和冒气泡的元素来说，你只需要在最外面的电子层中添加一定数量的电子，就能让它从一种元素变成另一种元素；而对于过渡元素来说，你要在次外层中添加多达32个电子，才会让它变成另一种元素。

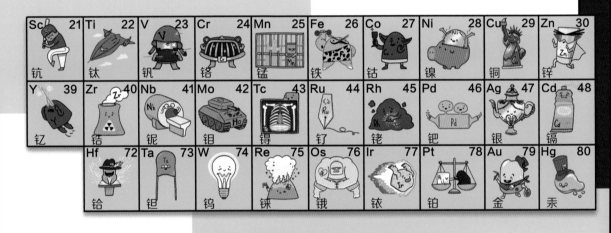

Sc 21	Ti 22	V 23	Cr 24	Mn 25	Fe 26	Co 27	Ni 28	Cu 29	Zn 30
钪	钛	钒	铬	锰	铁	钴	镍	铜	锌
Y 39	Zr 40	Nb 41	Mo 42	Tc 43	Ru 44	Rh 45	Pd 46	Ag 47	Cd 48
钇	锆	铌	钼	锝	钌	铑	钯	银	镉
Hf 72	Ta 73	W 74	Re 75	Os 76	Ir 77	Pt 78	Au 79	Hg 80
铪	钽	钨	铼	锇	铱	铂	金	汞

过渡元素的化合物溶于水时，会呈现出各种各样鲜艳的颜色。

硝酸钴　高锰酸钾　硫酸铜
重铬酸钾　氯化镍
铬酸钾

金属是怎样构成的？

金属通常坚硬又有光泽。这是因为金属是晶体，它们的原子紧凑排列在一种叫作晶格的整齐而坚固的结构中。晶格非常坚固，其中原子的电子可以自由漂移。正是这些自由电子使得金属具有良好的导电性能——因为电流会以接力赛的方式从一个电子传递到另一个电子。晶格也是金属发光发亮的原因，因为光线照在金属表面会反射回来。

铁
1538°C

铂
1768°C

铬
1907°C

钨
3422°C

钛是金属界的大明星之一。它和钢材一样坚韧，但重量只有钢的一半。它不但不会随着时间的推移而变脆，而且还有惊人的抗腐蚀能力。钛又轻便又结实又好看，种种好处令人难以抗拒。难怪钛有那么多用途，从最先进的喷气式飞机到口红都在用它！

又硬又轻

钛（Titanium）的英文名大有来头，它来自古希腊神话中的泰坦（Titans）巨人，他们是天神乌拉诺斯和地母盖亚的孩子。不过，德国科学家马丁·克拉普罗斯在1795年发现钛时并没有想这么多。他之所以选择这个名字，只是因为觉得这个词很好听。他根本没有料到，钛金属在日后会变得如此强大！

钛轻便、坚固、耐腐蚀，是制造飞机和宇宙飞船的完美材料。同样，它还适用于制造顶级的网球拍和比赛用自行车。钛的价格可不便宜，因为把它从矿石中提取出来绝非易事。但当成本不是问题的时候，钛的性能是无与伦比的。

另外，钛没有毒性，所以医生也喜欢它。钛是绝佳的髋关节置换材料，还可以用来固定折了的骨头。

如果你想让油漆或纸张白得发亮，可以加一点点二氧化钛粉末。如果在玻璃上涂上一层二氧化钛，它们就会自动保持清洁。这可太适合那些摩天大楼了。

洛克希德公司20世纪70年代研制的SR-71黑鸟侦察机外形如匕首，堪称终极之作。它由93%的钛制成，是有史以来最快的喷气式飞机，时速可达3529.6千米。

[钛] 20℃下：固体　熔点：1668℃　沸点：3287℃　颜色：银色

21 Sc 44.955912 钪

钪就像一种重量很轻、韧性超强的铝。它在自然环境中的含量并不丰富，但只需往铝中加入一点点，就足以制成超级坚韧的合金。苏联米格战斗机的材料中就用到了它，顶级的棒球棍中也会用到它。另外，往汞蒸气路灯中加入微量的钪，可以让光线不那么刺眼。门捷列夫通过元素周期表上的空缺，就已经猜测到了钪的存在。果然，十年后，瑞典化学家拉尔斯·尼尔森发现了它。

[钪] 20℃下：固体　熔点：1541℃
沸点：2836℃　颜色：银白色

23 V 50.9415 钒

超轻、超硬的钒彻底改变了世界！在人们把它加入钢铁之后，亨利·福特于1908年制造出了世界上第一台可以大规模生产的汽车——T型车。第一次世界大战期间，同样的金属也被用于制造防弹盔甲。直到今天，如果你需要一种足够坚硬的金属，钒钢仍然是理想的选择。和钪一样，钒的名字也是从斯堪的纳维亚半岛传遍世界的，它是瑞典化学家尼尔斯·塞弗斯特瑞姆在19世纪30年代发现的。

[钒] 20℃下：固体　熔点：1910℃
沸点：3407℃　颜色：银灰色

24 Cr 铬
51.9961

铬是一种无敌闪亮的金属。20世纪50年代,超级闪亮且坚韧耐用的铬涂层为雪佛兰和凯迪拉克等美国名牌汽车的保险杠和进气格栅增添了光彩夺目的魅力。铬还为祖母绿和红宝石带来了迷人的色彩。过去,人们曾用铬的化合物为美国校车涂上特有的颜色——铬黄色。后来人们发现铬是有毒的,所以如今校车的黄色都来自镉。

[铬] 20℃下:固体　熔点:1907℃

沸点:2671℃　颜色:银灰色

25 Mn 锰
54.938049

锰是一种又硬又脆的金属。几千年来,锰粉一直被用作制造玻璃的添加剂,用来捕捉其中的铁化合物,让玻璃变得更加清澈透明。大洋底部散落着数量巨大的球状、土豆状、葡萄状的锰结核,因为这种金属沉降在一颗砂粒上时,会一点一点地生长起来。一些冶金企业梦想他们可以挖出这些无主的金属,但海洋生物应该很庆幸,人类目前还没成功。如果把锰添加到监狱的铁栅栏里,那就没有囚犯可以逃脱了!

[锰] 20℃下:固体　熔点:1246℃

沸点:2061℃　颜色:银灰色

铁

世界上

最重要的金属

Fe

没有铁，你的整个世界都会坍塌

我们的地球 35% 都是铁，它是金属世界中最强壮的家伙。添加进微量的碳和其他金属后，深灰色的铁就变成了超级坚韧、闪闪发光的钢。它是世界上用途最为广泛的金属，这一点儿都不奇怪，从厨房的水槽到超级油轮，铁被制造成各种各样的东西。就连我们的身体也离不开铁，需要依靠铁分子在血液中运送氧气。

太空中的铁

地球上大部分的铁都分布在我们脚下很深很深的地方，它和少量的镍一起构成了致密的、炽热的地核。很久很久以前，当地球还是一个熔融状态的、炽热的新生球体时，它就沉降到了那里。幸运的是，现在地壳中仍然留下了许多富含铁元素的岩石，也就是铁矿石，我们所用的铁就是从里面开采出来的。

世界上所有的铁元素，都是在很久以前的恒星中形成的。在那些巨大的恒星中，当发光放热的氢原子和氦原子燃烧殆尽之后，它们就开始坍缩，里面的原子被挤压成一团，生成新的元素，并最终作为一颗超新星爆炸开来。铁是超新星爆炸中最后形成的元素，它和另外一些元素被超新星抛射出来，形成了我们的地球。

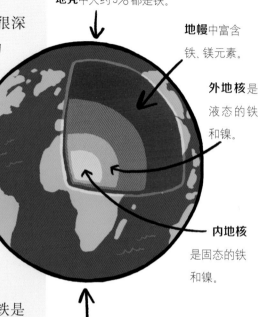

地壳中大约5%都是铁。

地幔中富含铁、镁元素。

外地核是液态的铁和镍。

内地核是固态的铁和镍。

地球磁场是由外地核中铁液的运动产生的。

[铁] 20℃下：固体　熔点：1538℃　沸点：2861℃　颜色：银灰色

钴（Cobalt）是四种具有磁性的元素之一。它的英文名来源于德语中的"哥布林（Goblin，西方神话传说中的地精）"，这是因为中世纪的德国矿工一直在开采一种他们误认为是银子的东西，结果却发现其实是钴！氯化钴可以制作隐形墨水，继续表演着钴家族骗人的把戏。如今，钴又被人们用于制造可以承受喷气发动机极端高温的高温合金。

[钴] 20℃下：固体　熔点：1495℃

沸点：2927℃　颜色：金属灰色

镍、钴、铁、钆组成了四大磁性金属。和钴一样，镍也曾经把中世纪的德国矿工们骗得团团转！他们把它的一种化合物当成了铜，所以后来管它叫"见鬼铜"。镍有极强的耐热性，它和铝的合金非常适合制造火箭和喷气机。美元的 5 分硬币也叫作"nickel"，因为它里面除了 75% 的铜，还有 25% 的镍（nickel）！

[镍] 20℃下：固体　熔点：1455℃

沸点：2913℃　颜色：银白色

我们的身体离不开锌，如果食物中没有足够的锌，你就不能正常成长。你可以通过枫糖浆、奶酪和牡蛎这些食物来摄入锌。锌是一种很好的阻隔物，把它添加到防晒霜里，可以阻隔阳光中的有害射线。不过，现在人们已经不再使用加锌的防晒霜了，因为它实在太白了，会让你的脸白得像怪物！给钢铁镀上一层锌，可以阻挡空气和水分，从而达到防锈的目的。

[锌] 20℃：固体　熔点：420℃

沸点：907℃　颜色：蓝白色

钴具有蓝色金属光泽，被称为"蓝色之王"。人们在埃及法老图坦卡蒙的坟墓中发现了一种漂亮的蓝色玻璃，是用钴的化合物染成的，距今已有 3000 多年的历史。从那时候开始，钴就被人们用来调制摄人心魄的蓝色。

钴玻璃珠子

镍是一种来自太空的金属！我们所使用的镍，大部分来自撞击地球的陨石。规模最大的一次撞击发生在 18.49 亿年前的今加拿大萨德伯里地区，那里留下了超过 2 亿吨的镍！

如果你在某个地方看到一种金光闪闪的金属，那很可能不是黄金，而是黄铜。黄铜由 1/3 的锌和 2/3 的铜混合而成，是一种大有用处的金属。它比黄金便宜得多，也坚固得多。不过，黄铜需要经常抛光才能保持外表的光泽。

铜

唯一的 红色 金属

你绝不会认错铜，因为所有金属中只有铜是红色的。英语中以颜色命名的金属除了金和银，就只有铜（Copper）了。铜非常坚韧，同时又有很好的延展性，很容易锻造成某种形状，或是抻拉成铜线。铜是优良的导体，所以，世界上所有的电力系统都离不开铜线！

黎明时代的金属

在石器时代的几十万年中，人类一直靠打磨尖利的石头来制造工具。但是在大约7000年前，我们发现了如何使用铜，石器时代也因此差不多走到了尽头。

铜制工具很快就流行起来。它们看起来不错，但是有点儿软。后来，人们发现在铜中添加锡可以合成坚硬的青铜。从刀剑到炊具，青铜在制造武器和工具方面有着了不起的用途。青铜时代大约始于5000年前，从那以后，人类就成了金属的追随者。

如今青铜已经很少使用了，因为钢铁更廉价，更容易制造，而且更加坚固。但是，铜的时代正在卷土重来！它的导电性能只有银可以与之媲美，所以我们的电线大多是铜制的。

铜长时间暴露在空气中会与氧气结合，从亮红色变成鲜艳的绿色。这种绿色的东西叫铜绿，你会在自由女神像身上看到它，因为她周身覆盖着一层2.38毫米厚的铜皮。

龙虾、蜗牛和蜘蛛的血液是蓝色的，而不是红色的！这是因为它们体内的血细胞是靠铜分子来运送氧气的。

他穿越回了**青铜时代**.

[铜] 20℃下：固体　熔点：1084℃　沸点：2562℃　颜色：红橙色

39	
Y	
88.90585	

钇

你可能没听说过钇，但它在地壳中的含量是铅的两倍。它古怪的英文名"Yttrium"来自一座名叫"伊特比（Ytterby）"的瑞典小村庄，1787年，人们在那里发现了这种元素。在"钇锆铌钼"这个"硬汉四人组"里，钇是最柔软的，也是最容易熔化的。不过，它可以用来制造激光束，能够像切黄油一样切割钢铁。它的同位素钇-90可以制成脊柱手术用针，这种针比最好的外科手术刀都要精准。

[钇] 20℃下：固体　熔点：1522℃
沸点：3345℃　颜色：银白色

40	
Zr	
91.224	

锆

锆石虽然看上去酷似钻石，也几乎和钻石一样坚硬，但它不是钻石。锆是一种金属，它能够形成一种叫作锆石的宝石晶体，像钻石一样光彩熠熠，而价格要比钻石便宜得多。如果你想控制核反应，就要用到锆。它耐高温、抗腐蚀，而且很容易被中子穿透。正因为这样，它才被用作核反应堆和核潜艇的包壳材料。

[锆] 20℃下：固体　熔点：1855℃
沸点：4409℃　颜色：银白色

41 Nb 92.90638 铌

未经加工的铌有点儿软，但加入其他金属后，所形成的混合物就变得超级坚硬且耐热。所以，火箭和飞机发动机的喷嘴都是用铌合金制成的。而且，铌与锡或钛的合金制成的超导磁线圈，还可以用于医疗扫描仪。铌暴露在空气中会很快形成氧化层，不容易被腐蚀，因此非常适合制作光亮持久的珠宝。

[铌] 20℃：固体　熔点：2477℃
沸点：4744℃　颜色：银灰色

42 Mo 95.95 钼

钼是一种银白色的坚硬金属，把它加入钢铁中，可以制成"钼钢"。这种钢是最硬的金属材料之一。第一次世界大战期间，人们发现传统钢材无法经受敌方炮弹的直接打击，所以选择用钼钢来制造最坚固的坦克。另外，钼还是一种难熔的金属。如今，钼钢被大量应用于高速钻头中。此外，钼元素对于生命来说也至关重要——没有钼，动植物就无法合成自身所需的蛋白质。

[钼] 20℃下：固体　熔点：2623℃
沸点：4639℃　颜色：银灰色

门捷列夫教授和他的元素周期表

1869年，俄国人德米特里·门捷列夫还是一位不见经传的化学教授，他正在编写一本内容枯燥、老套乏味的化学课本。有一天，他突然有了一个天才般的灵感。据他所知，当时共有60种化学元素，他想："为什么不把它们编成一张表格放在书里呢？"于是，他把它们按重量顺序编排下来，从最轻的氢，一直到最重的铀。

不过，这还不是天才的部分。门捷列夫

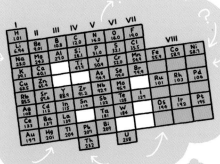

真正的天才之处在于，他把这些元素分成了七组，每一组放入表格的一行，或者叫作一个周期，然后一行一行排列下来。正是靠着这种方法，他捕捉到了元素中一个非常了不起的特征。事实证明，这个表格中位于每一行相同位置（就是同一列，或者叫同一族）的元素具有相似的属性。例如，表格最左端一列的所有元素都是非常活泼的金属，而最右端一列的所有元素都是不活泼的气体。这简直太神奇了！

我们现在知道，元素周期表之所以如此神奇，与同族元素的原子结构以及它们最外层的电子数量有关。

门捷列夫的表格中出现了几个空缺，他预言，一定会有一些未知的元素来填补这些空缺。果然，在接下来的17年里，科学家们陆续发现了3种缺失的元素——镓、钪和锗，再之后，人们又陆续发现并确定了50多种元素。

41

43 Tc 97 锝

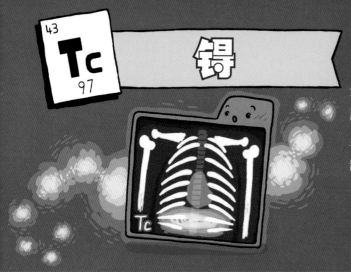

放射性的锝需要几百万年才能衰变分解掉！你也许想不到，恒星燃烧到后期所形成的红巨星中有很多锝，它正是在那里产生的。如今，人类主要在核反应堆中制造锝，它被用于肿瘤扫描。

[锝] 20℃下：固体　熔点：2157℃
沸点：4265℃　颜色：银灰色

44 Ru 101.07 钌

钌极其稀有。它具有非常强的抗腐蚀性能，人们希望将它用于电子产品和太阳能电池。如果给钢笔装上钌笔尖，它将永不磨损。

[钌] 20℃下：固体　熔点：2334℃
沸点：4150℃　颜色：银白色

45 Rh 102.90550 铑

超闪亮的铑，比黄金还要稀有1000倍！正因为这样，当时英国唱片销量最高的歌手保罗·麦卡特尼，在1979年获得了一张镀铑唱片。铑大多用于汽车催化转化器，以减少汽车尾气的污染。

[铑] 20℃下：固体　熔点：1964℃
沸点：3695℃　颜色：银白色

46 Pd 106.42 钯

像它的"堂兄弟"铑和铂一样，稀有而闪亮的钯用于催化转换器的需求量也很大。它是这三兄弟中最轻的。钯还非常适合用作耐腐蚀的电接触材料，因此，你的智能手机中也会含有一点点钯！

[钯] 20℃下：固体　熔点：1555℃
沸点：2963℃　颜色：银白色

48 Cd 镉 112.411

镉可以制成亮黄色的颜料，是法国大画家莫奈的最爱。不幸的是，我们现在知道它有很强的毒性，所以含镉颜料正在被逐步淘汰。不过，它现在仍用于充电镍镉电池。我们要当心！

[镉] 20℃下：固体　熔点：321℃
沸点：767℃　颜色：银白色

72 Hf 铪 178.49

在自然界中，铪常与锆共存；但用于核能产业时，它们的表现却截然相反。锆很容易被中子穿透，而铪却能阻挡并吸收中子。因此，铪可以用于制造抑制核反应的控制棒，而锆则用作核燃料的包壳。

[铪] 20℃下：固体　熔点：2233℃
沸点：4603℃　颜色：银灰色

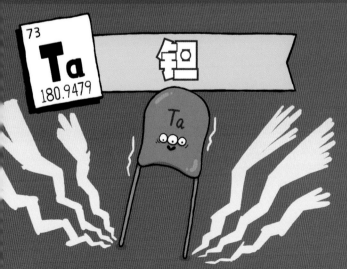

73 Ta 钽 180.9479

钽是一种相对柔软而闪亮的金属，可用于制作电子元器件，从电子游戏机到医疗设备都有应用。钽元素的英文名"Tantalum"来自希腊神话中捉弄众神的坦塔罗斯（Tantalus），因为它也曾捉弄过19世纪初一班苦苦寻觅它的科学家。

[钽] 20℃下：固体　熔点：3017℃
沸点：5458℃　颜色：银灰色

银

47 Ag 107.868

超级闪亮的 奖牌金属

顶级导电体

金灿灿的金和银闪闪的银，是最常用来制作奖牌的两种金属。银牌属于第二名，但银在导电和导热方面却胜过金。银还有很好的延展性，所有这些特征都使得它比铜更适合做电线。银还是一切金属中最闪亮的，如果它不那么稀有和昂贵就更好了……

贵金属

如果你运气够好，可以从地下挖到纯银，就是那种颗粒状、线条状或块状的银子。不过你真正想要的也许不是这个，而是岩层中成条的含银矿脉。1857年，格罗什兄弟在美国内华达州发现了一条巨大的矿脉，价值3亿美元。但这兄弟俩不久之后就去世了，他们的看门人亨利·康斯托克接手了这条矿脉，并以自己的名字命名为康斯托克矿脉。不过，康斯托克的生活也很艰难，结局一样悲惨。也许，拥有巨大的财富也不一定幸运。

从前，富人很喜欢用银制作时髦的餐具和漂亮的珠宝。但这样一来，仆人们不得不一直忙于清洁，因为银器在空气中放久了容易变黑。现在，如果你有一部智能手机，里面就会有一点点银，因为它是连接精密电路的神奇导体，但含量大概只有300毫克。

银给世界带来了摄影术！世界上第一批照片是拍摄在一块涂有银化合物的板子上的。它暴露在光线中时，上面的银化合物会变暗来记录下照片。

银的化学符号是Ag，来自"白银"的拉丁文"Argentum"。阿根廷的名称也来源于这个词，因为当初的西班牙殖民者以为那里盛产白银。

[银] 20℃下：固体　熔点：962℃　沸点：2162℃　颜色：亮银色

74		
W		
183.84		

钨

没有哪种金属比钨的熔点更高，或者比它的抗拉强度更高。钨曾经用于制造灯泡里的灯丝。在通电后，钨丝被加热到白炽状态，发出明亮的光，自身又不会熔化。把钨添加到钢铁中，可以制成坚固的装甲钢板。钨的化学符号是W，来自德语"Wolfram"，意思是"狼之泡沫"。因为德国矿工在炼锡时发现有一种矿物会降低锡的产量，就像狼吞了羊一样，所以化学家将这种矿物命名为"狼之泡沫"。

[钨] 20℃下：固体　熔点：3422℃
沸点：5555℃　颜色：银白色

75		
Re		
186.207		

铼

铼的熔点几乎和钨一样高，而且比钨更坚硬。人们在火山喷发物中找到了极其罕见的纯净的铼样品！铼是1925年最后一批被发现的稳定元素之一。后来，人们从660千克钼矿石中提取到了1克铼。但如果你想要得到一种可以应对极端条件的高温合金，那么可以试试往铁镍合金中加入铼。它还可以用来制造喷气式战斗机的引擎叶片。

[铼] 20℃下：固体　熔点：3186℃
沸点：5596℃　颜色：银白色

76	
Os	**锇**
190.23	

锇是世界上最重的金属！钨站在它的旁边，看起来简直弱不禁风。像铂和钯一样，锇也是亮闪闪的。尽管锇极其稀有，但绝不会有人把它当作首饰佩戴，因为它会散发出刺激性的四氧化锇气味。可以说，锇是最难闻的元素之一。锇的英文名来自古希腊语"osme"，意思是"臭烘烘的"。

[锇] 20℃下：固体　熔点：3033℃
沸点：5012℃　颜色：蓝灰色

77	
Ir	**铱**
192.217	

铱看起来几乎坚不可摧，它坚硬、闪亮，是目前已知的最耐腐蚀的金属。1803年，发现铱的史密森·台耐特观察到一个现象：酸会让铱呈现出彩虹般的颜色。所以，台耐特就用希腊神话中彩虹女神伊里斯（Iris）的名字命名了铱（Iridium）。铱常出现在陨石中。6600万年前，一颗陨石撞入墨西哥湾，这次撞击可能造成了恐龙的大灭绝，然而也为地球留下了一层薄薄的富含铱的黏土。

[铱] 20℃下：固体　熔点：2446℃
沸点：4428℃　颜色：银白色

铂

哇，你看起来
超级闪亮，
超级迷人！

Pt

让化学反应更快

铂是地球上最迷人的金属。它超级闪亮，超级稀有。与银不同的是，它能够在空气中保持自己的光泽。难怪那些卖出一百万张唱片的音乐家会得到一张白金（铂的俗称）唱片——这可比一张金唱片贵重多啦！铂还是一种出色的催化剂——像派对上最擅长活跃气氛的家伙一样，催化剂就是某种可以让其他物质快速发生化学反应的化学物质。

加快化学反应

早在几千年前，南美洲的哥伦比亚人就已经知道了铂的存在。而在大约500年前，初来乍到的西班牙人却只想要金子。他们花了几个世纪才意识到，这种所谓的"平托河白银"同样非常独特，甚至比金子还要珍贵。

人们非常喜欢用铂做成的首饰，因为它超级闪亮，而且光泽持久。由于铂能加快许多化学反应，所以它还是无数工艺过程中的秘密原料，如炼油、处理汽车尾气，以及制造光纤、抗癌药物、计算机、喷气发动机等。铂在其中的用量虽然很小，但却至关重要。此外，铂还可以经久不变。1799年，人们用铂制成了最早的标准千克原器。

铂可以让汽车排放的废气变得更加清洁一些，这些废气会经过催化转化器的过滤，而进行转化的催化剂正是金属网上薄薄的铂涂层。

铂鹰币是美国唯一的铂金硬币。它的法定面值是100美元，但在很多投资者手里却可以卖出几千美元!

阿姨，你为什么要用铂金笔写下所有猫咪的名字?

因为它是一份猫咪花名册（Cat-A-List，与催化剂catalyst谐音）呀!

[铂] 20℃下：固体   熔点：1768℃   沸点：3825℃   颜色：银白色

79

Au

196.96655

金

唯一的黄色金属

永远保持闪亮

金是唯一的黄色金属元素，而且很稀有。它永远不会褪色，因为它不会被腐蚀，也不会掺杂太多其他元素。这就是为什么它会以纯净的单质形式出现在地下的原因。几十亿年前被埋藏进地球内部的金子，挖出来时却闪亮如初，那些由黄金制成的古代宝物，至今也都光洁如新。

如永恒的阳光

世界上所有的黄金都是在很久以前由被称为超新星的巨大恒星爆炸形成的，然后在几十亿年前随着撞击地球的陨石一起来到这里。它隐藏在岩石中，闪亮无瑕，很难被找到，但偶尔也会零星出现在被称为矿脉的岩层中。过去，一条黄金矿脉被发现之后，发财心切的探矿人会蜂拥而至，像1848年美国加利福尼亚州的淘金热那样。

从古至今，人类大约已经开采出了19万吨黄金，而且这些黄金几乎全部保存完好。它是一种通用的支付手段。这些开采出来的黄金，大约有1/4存放在世界各地银行的金库中，用来防止纸币失效。

如今，大多数黄金被用于制造珠宝首饰。不过，它也越来越多地用在智能手机和其他电子设备中，因为金是一种优良的导电体，而且永不锈蚀。

1869年出土的"欢迎陌生人"是有史以来最大的天然金块，从里面提炼出了整整71千克黄金! 淘金者会在一个特殊的平底锅里用河水冲洗砂粒，以此分离出黄金颗粒，这就是"淘金"。

黄金具有良好的延展性，很容易加工成形。一盎司 (约28.35克) 黄金可以碾压成17平方米大小的超薄金箔。金箔可以覆盖或镀在某些物体表面上，让这些东西变得金光闪闪。

足球运动员签下了一个大合同，会怎样欢呼庆祝?

GOooold

* "Goooold"是英文"黄金"的拖长音，与庆祝进球的欢呼声"Gooooal"和表示满意的"Good"相近。

[金] 20℃下: 固体　熔点: 1064℃　沸点: 2856℃　颜色: 金黄色

80 Hg 200.592

汞

常温下唯一的 **液态金属**

小心有毒

汞是唯一一种在常温下呈液态的金属，它只有在温度极低时才会冷凝成固体。不过，汞可是一种完全不同于水的液体，它的密度大约是水的 13 倍。这就意味着，假如你走在一团汞上，只会下陷到脚踝的位置。但是，即使你能够找到足够多的汞，也千万不要这么做，因为它有剧毒！

哎哟！

液态金属

很长一段时间以来，人们认为汞具有魔力。罗马人在拉丁语中称其为"hydrargyrum"，意思是"水银"，这就是它的化学符号Hg的由来。在中世纪，它也被叫作活银或流银。

自古以来，人们就把汞当作一种神奇的东西，用它来治病。但他们当时完全不知道，汞其实是有毒的。1685年，英国国王查理二世就死于汞中毒。

如果你读过刘易斯·卡罗尔的《爱丽丝梦游仙境》，一定还记得里面那个最有名的角色——疯帽子。在维多利亚时代，帽匠的确经常会因为汞中毒而发疯。他们需要把制作帽子的毛毡浸没在这种金属里，好让纤维挤压贴合在一起。不过幸运的是，我们现在已经知道了汞的危害，并且掌握了安全处理和回收汞的方法。

在意识到汞有多么危险之前，人们常用它制作温度计。因为即使温度只是稍微升高一点点，它也会膨胀很多，让温度变化表现得非常明显。而且，它要到加热到357℃才会沸腾。

汞主要来自一种鲜艳的红色岩石——朱砂。人们曾经把它研磨成颜料或脂粉，殊不知，朱砂里的硫化汞也是有毒的!

[汞] 20℃下：液体　熔点：-39℃　沸点：357℃　颜色：银色

近金属

欢迎来到第13到16族，它们算不算金属？

谁最先熔化？

镓	锡	铅	铝
30°C	232°C	327°C	660°C

贫金属

这些元素也被称为"后过渡元素"，它们比铁等坚韧的过渡元素颜色更加发灰，光泽更加暗淡，质地更加柔软。但是，这并没有影响它们的重要性和实用性。它们是良好的导电体，而且很容易加工成形。铝是地壳中含量第三丰富的元素，仅次于氧和硅，是制造饮料易拉罐的最佳材料！

B 5 硼		
Al 13 铝	Si 14 硅	
Ga 31 镓	Ge 32 锗	As 33 砷
In 49 铟	Sn 50 锡	Sb 51 锑 / Te 52 碲
Tl 81 铊	Pb 82 铅	Bi 83 铋 / Po 84 钋

准金属非常硬，有光泽，但通常很脆。这意味着如果你击打它们，它们就会像玻璃一样裂开，或者像马克杯一样碎掉，甚至直接碎成渣土。所以，如果你想制造一件坚固的东西，就得把它们和其他金属混合在一起。

我们早说过应该用钢铁，不该用准金属！

哎！不……

准金属

准金属好像两面派，既有一些金属的特点，也有一些非金属的特点。比如在导电性上，它们有一些是半导体。这意味着它们有时可以导电，有时不能导电。这听起来是不是非常奇怪？不过，正是这种特点使得它们在电子产品中找到了用武之地，因为它们可以起到像电源开关那样的作用。硼、硅、锗、砷、锑、碲、钋，这些元素都是准金属。要知道，硅在改变现代世界的计算机产品中发挥了关键作用！

锗 938°C

硅 1414°C

硼 2076°C

铝

灰头土脸的超级明星

超级清新 Al

超级轻便 且 坚硬

从软饮料**易拉罐**到喷气式**战斗机**

超级清新 Al

NO.1

地球上的铝比其他任何金属都要多,它的储量甚至超过了铁! 铝尽管看起来灰扑扑的,却出奇地又轻便又坚硬。而且,它不会被腐蚀——铝暴露在空气中时,只会在外表形成一层深灰色的氧化铝。正因为这样,铝可以用来制造各种各样的东西——从平底锅到战斗机!

轻便的金属

地球上到处都是铝，但直到200年前，才有人弄清楚这一点。这是因为铝总是与其他元素结合在一起，隐藏在明矾之类的化合物中。几个世纪以来，医生惯用明矾盐来止血，染色工使用它们来防止染料掉色，却没有人意识到它含有金属。直至19世纪初，科学家们才开始对明矾的秘密产生怀疑。后来，丹麦科学家汉斯·奥斯特和德国科学家弗里德里希·维勒在这方面取得了突破性的认识，设计出了分离铝的方法。最终，明矾中被证实含有一种金属，这种金属被命名为铝。

不过，铝在发现之初是极其稀有而珍贵的，直到19世纪80年代，人们发现可以通过电解法从铝土矿等铝矿物中大量提取出铝。如今，铝是全世界用量仅次于铁的金属。它非常轻便、坚硬，而且耐腐蚀，从饮料易拉罐到电线，再到自行车架，用途十分广泛。早期宇航员吃的糊状食物，就是装在牙膏皮那样的铝管里的，宇航员可以通过吸管来吸食！

你知道吗？我们可以回收！ 铝是世界上被回收利用最多的金属。电解铝土矿来生产新铝，要消耗大量的电能，最好的办法就是重复利用！所以，喝完饮料后易拉罐不要乱扔，一定要回收再利用哦！

铝的延展性很好，很容易被拉伸，可以滚轧制成超薄超闪的箔片。厨师在烹饪时可以用这种铝箔来包裹食物，防止汤汁洒漏。

说吧，伙计们，打劫那家铝厂时出了什么岔子？

....

报告老板，我们被保安用铝箔裹起来（Foiled*）了！

*Foiled在这里既表示"被箔纸裹住"，又表示"被挫败"。

[铝] 20℃下：固体　熔点：660℃　沸点：2470℃　颜色：银白色

镓是一种明亮闪耀的金属。它看上去好像很坚硬，但只需要30℃就会熔化。自然状态下存在的金属中，只有汞的熔点比它低。所以，如果你用镓做一把茶匙来搅拌热饮，那么它很快就会消失不见！

还有更神奇的：如果你把一块金属铟掰弯，会听见细小的"咯吱"声，那是它的金属晶体在调整自己的结构。此外，**铟还是一种柔软的金属**，很容易改变形状。铟非常罕见，自然界中还没有发现单独存在的铟，但幸运的是，你可以在锌、锡、铅等元素的矿石中找到它。

大多数金属都能很好地导电，但镓却只有一部分导电性能。它和砷等准金属元素一起，对电子产品所依赖的半导体做出了伟大的贡献。例如，你手机里的LED屏幕，或者你用过的蓝光光盘播放器，里面都有镓！医生也非常喜欢它，因为镓有一种特殊的同位素，叫作镓-67，具有一点点放射性，可以释放出射线。它被注射进身体后，会锁定癌症并用射线标记出癌症的位置，然后被扫描仪捕捉到。这种医学诊疗手段叫镓扫描。

[镓] 20℃下：固体　熔点：30℃

沸点：2203℃　颜色：银白色

中微子是一种微小的亚原子粒子，几乎不可能被探测到。比如，太阳会发出一束连续不断的中微子，在我们毫无感觉的情况下穿透我们的身体。20世纪80年代，苏联科学家曾尝试用近60吨液态镓来捕获中微子。这个办法居然奏效了！

嘿，你忘了换润滑油！

铟是一种超级滑的元素。这就是为什么赛车工程师会为滚珠轴承镀上一层铟，而不再使用润滑油，因为润滑油会减慢转速。

铟和镓一样，也是手机和电脑中广泛应用的半导体。不过，它最大的特点是，当它与氧结合成氧化铟时，会黏附在玻璃上，而且是透明的，还可以导电。这使得它非常适合传送电子信号，在电视、电脑和触摸屏上显示出图像。这是铟最主要的用途。此外，铟、镓和锡也可以用来代替有毒的汞制成温度计。但唯一的问题是，世界上没有那么多的铟！

[铟] 20℃下：固体　熔点：157℃

沸点：2072℃　颜色：银灰色

Sn 50 118.710

锡

锡的使用历史非常悠久。大约在5000年前，人们把锡和铜混合在一起得到青铜，青铜是人类使用的第一种真正算得上坚硬的金属。人们用锡罐来储存食物也已有200年的历史。物体只要镀上薄薄的一层锡就不会被腐蚀。如今，摩天大楼的窗玻璃都是由漂浮在液态锡上的熔融玻璃液制成的。

[锡] 20℃下：固体　熔点：232℃
沸点：2602℃　颜色：银白色

Tl 81 204.3833

铊

铊是一种又软又重，而且具有放射性的金属。从一开始，它就给人类带来了麻烦！铊是在19世纪60年代被发现的，因为加热时发出绿色光焰，所以叫作"Thallium"，这个词在希腊语中有"绿色"的意思。但发现它的两位科学家，英国化学家威廉·克鲁克斯和法国化学家克洛德–奥古斯特·拉米一直在为谁最先发现了铊而争执不休。克鲁克斯（Crookes）最终获得了这份荣誉——这听起来合情合理，因为铊本身就是一种可以伪装成钾的骗子（crooks）金属！

[铊] 20℃：固体　熔点：304℃
沸点：1473℃　颜色：银白色

Bi 83 208.98040

铋

铋看起来有点儿像铊，却一点儿也不讨人厌！它非常重，是所有非放射性金属里面最重的。铋合金可以保证我们的安全。它可以在很低的温度下熔化，所以被用来制造保险丝。如果你的电力系统出现了故障，电路中的铋保险丝就会熔断。铋用于火灾报警器的原理也是如此——一旦温度太高，就会触发警报。

[铋] 20℃：固体　熔点：272℃
沸点：1564℃　颜色：银粉红色

在低于零下12℃的严寒天气中，锡会变成粉末，形成"锡瘟"。对于装有锡制管风琴的老教堂来说，这是一个严重的问题。对于探险家斯科特船长来说，这更是一个致命的问题，因为他在1912年的南极之旅中，把煤油储存在了锡罐里。可是煤油在冰天雪地中全部漏光了，斯科特和他的船员全都冻死在了南极冰原。

铊在世界各地都是被禁止使用的，因为它有剧毒。英国著名侦探小说家阿加莎·克里斯蒂的小说《白马酒店》中的凶手，正是用铊杀死了受害者。铊可以通过皮肤被人体吸收，而一旦进入体内，它就会冒充钾，接管所有需要钾参与的重要身体机能。铊中毒很难被发现，而且死亡过程非常缓慢。

如果你涂过眼影或指甲油，会发现这些化妆品有一种珍珠般的光泽，这是因为里面加了铋。自古埃及时代起，铋就已经被用在化妆品里面了。更神奇的是，铋对缓解胃痛大有好处，因此它是"胃必治"等药物的关键成分。

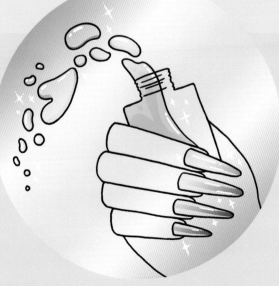

82
Pb
207.2

铅

I . II . III

重中之重

秘密的 毒药

灰扑扑的 大明星

Pb

好重！

铅是最重的金属之一，像乌云一样灰暗。很少有一种金属能够像铅一样：柔软，易于塑形和弯曲。铅几乎完全不会被腐蚀，并且可以在较低的温度下熔化。所以直到近代，水管都是用铅制成的。水管工的英文"plumber"，正是来自铅的拉丁文"Plumbum"。

铅笔里用的根本不是铅，而是一种叫作石墨的柔软碳材料！

重量级选手

　　铅最大的问题在于它的毒性。只需要很小的剂量，它就会让你胃部痉挛，并且感到头痛；而长时间的接触则会直接损伤大脑，令人产生幻觉，影响智力。这对儿童的危害尤其严重。

　　过去，人们不仅会因为铅制的水管而中毒，还会从汽车排放的尾气中吸入铅。长久以来，人们一直往汽油中添加铅，以便让它燃烧得更加顺畅。如今，铅已经被禁止用于水管生产，也不能再添加进汽油里了。

　　尽管如此，铅还是十分有用的，而且用途广泛。例如，我们的汽车电池离不开铅，核反应堆也通常用铅做内衬来控制核反应，因为它的密度很大。还有，医院的 X 光室通常用铅来保护工作人员和病人免受辐射危害。

　　英国女王伊丽莎白一世曾使用铅和醋的混合物来遮盖她的天花疤痕。所以，有些历史学家认为，铅中毒可能是导致她死亡的原因！

　　大名鼎鼎的作曲家贝多芬和画家梵高，可能都曾铅中毒。贝多芬的铅中毒，来自医生开给他的药物；梵高的铅中毒，可能来自他最爱的黄色颜料——因为铅曾被用来制造铬黄颜料。

伙计们，这是你们要的铅（Lead *）。很重金属，对不对？

*Lead 在这里既表示"铅"，又有"主唱"的意思。

[铅] 20℃下：固体　熔点：327℃　沸点：1749℃　颜色：灰色

恒星和元素

所有自然存在的元素，都是恒星的孩子！氢、氦，或许还有锂，都是在大爆炸（科学家们认为，宇宙诞生于大约140亿年前的一次"大爆炸"）之后不久形成的，而其他元素则是由恒星本身形成的，又或是恒星爆炸或碰撞在一起时形成的。

大爆炸中释放的能量是难以想象的。在质子和中子碰撞在一起的几分钟内，氢元素和氦元素就形成了。科学家们一度认为，锂元素也是在那个时候形成的。但是，这套理论无法解释地球上所有的锂。所以，科学家认为大部分锂元素形成的时间比较晚。

新星相当于一些以氢能量为燃料的发电站。它们之所以发光，是因为重力把构成它们的氢原子挤压得非常紧密，从而引发了核反应——氢原子聚变成氦原子。所以，当你观察大多数恒星（比如我们的太阳）时，你看到的是氢原子正在聚变为氦原子的过程。

最终，几十亿年过去之后，氢原子和氦原子因为剩余数量太少而无法继续聚变，濒临死亡的恒星就开始坍缩，将里面的原子挤压在一起，聚变成更大的原子和新的元素。越靠近恒星的核心，压力越接近极点。所以，新元素的形成就像洋葱圈一样，外层是原子最小的元素，而核心是原子最大的元素。

氦原子聚变形成铍原子，然后形成碳原子和氧原子。

碳原子聚变形成钠原子和氖原子。

氖原子聚变形成氧原子和镁原子。

氧原子聚变形成硅原子。

硅原子聚变形成铁原子和镍原子。

即便是恒星核心最深处的压力，也不能使铁原子继续聚变下去。所有比铁原子更大的原子都是恒星在生命行将结束时形成的。例如，一些原子较大的元素是巨大的恒星在超新星爆炸中产生的，而另一些元素则是由两颗密度超高的中子星互相撞击合并时产生的。

超新星：
形成镓和溴。

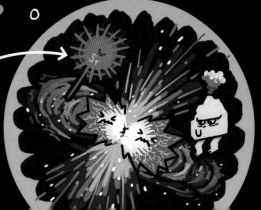

正在撞击合并的中子星，由此形成金、铀和锶。

硼和硅

5 B 10.811

14 Si 28.0855

植物没有它就会枯萎

建造世界！

　　硼和硅都是准金属元素，它们有点儿像金属，又有点儿像非金属，大多呈暗褐色的粉末状。但请不要小看它们！没有硼，植物就无法存活。硅和氧结合在一起时，会形成坚硬的晶体，构成了地球上大部分的岩石。事实上，硅无处不在——在砂粒中，在你的电脑和智能手机中，也在玻璃窗和玻璃瓶中！

古代人就已经知道白硼砂粉（钠和硼的化合物）的用途了。金匠们用它来打磨金子，要是你想除掉霉菌或室内的害虫，它也能帮上忙。事实上，硼砂的需求量是如此之大，以至于在一千多年前，驼队沿着古老的丝绸之路将它从中国源源不断地运到阿拉伯和欧洲。尽管如此，却没人知道它里面含有硼。

1732年，法国化学家小若弗鲁瓦在烧灼硼砂时观察到一种奇怪的绿色火焰，他想知道这种粉末里究竟含有什么东西。但直到1909年，美国科学家以西结·温特劳布才首次分离出纯净的硼。

[硼] 20℃下: 固体　熔点: 2076℃

沸点: 3927℃　颜色: 不定

硅和硼都是超硬的元素。碳化硼可以用来制造防弹背心和坦克装甲。不过它们也可以混合形成耐拉伸、有弹性的橡皮泥。由硅、氧和其他有机物的长分子组成的硅胶，是非常有弹性的。

制造芯片所用的硅，必须是超级纯净的。它首先从高纯度石英岩中被开采出来，然后在被称为晶圆厂的高科技工厂中进一步提炼，制成99.99999%纯度的棒状硅晶体——也叫"硅锭"。最后，这些硅锭会被金刚石工具切割成微小的晶片，用来制造芯片。

硅从来都不会"落单"。只要有机会，它就会与其他元素结合在一起。它最喜欢的伙伴是氧，它们一起构成了储量超级丰富的硅酸盐矿物，占地壳的90%；此外，硅和氧还一起形成了紫水晶、玉和黄玉等宝石。你的手机和其他所有电子设备都依赖的"芯片"，就是一种微小的硅片。硅是一种半导体，也就是说，它可以改变自己的导电能力，而这正是制造电子设备所需要的微型电路开关的完美材料。

[硅] 20℃下: 固体　熔点: 1414℃

沸点: 3265℃　颜色: 灰黑色, 金属光泽

32
Ge
72.631

锗

正像英文名"Germanium"所提示的那样，银白色、易碎而稀有的准金属锗最早发现于1886年的德国（Germany），是人们在地下深处某座银矿的一块岩石中找到的。锗正是门捷列夫此前所预言的位于硅和锡之间的缺失元素。它是人们最早使用的半导体材料之一，这种材料具有变化的、可控的导电能力，可以充当可变电流的开关。在很长一段时间里，硅都在半导体领域占据着主导地位，但现在，锗被视为可以替代硅的"潜力股"材料！

[锗]20℃下：固体　熔点：938℃
沸点：2833℃　颜色：银白色

51
Sb
121.760

锑

锑是一种有点儿像铅的准金属，也是少数几种像水一样变成固体时体积会膨胀的物质之一。古埃及人曾用硫化锑粉末勾勒出夸张的黑色眼线。但是锑也是有毒的。19世纪，曾有许多杀人犯用它来秘密杀人。在中世纪，人们曾服用锑丸作为泻药，然后从排泄物中回收、清洗出来，再次利用……真恶心！

[锑]20℃下：固体　熔点：631℃
沸点：1587℃　颜色：银灰色

52 Te 127.60

碲

你可能会在DVD光盘或蓝光光盘中见到碲。它是一种稀缺的准金属元素，通常为深灰色的粉末状。碲被涂在光盘上，形成薄薄的一层，用来记录音乐和视频数据。但就像锑一样，碲也是有毒的。人们在长时间接触碲之后，呼气会散发出难闻的"碲味"——闻起来就像吃了太多的大蒜！据说，解决的办法就是多吃橙子和柠檬！

[碲] 20℃下：固体　熔点：450℃

沸点：988℃　颜色：银白色

84 Po 209

钋

钋是一个十分麻烦的家伙。它具有很强的放射性，能在黑暗的环境中发出蓝色的光芒。1898年，居里夫妇从他们正在研究的铀矿石中发现了这种元素。他们以居里夫人（玛丽·居里）的祖国波兰（Poland）为它命名，起名为钋（Polonium）。但令他们始料未及的是，除了超强的放射性，钋还是世界上最毒的物质之一，它很可能也是杀害居里夫人的凶手。苏联于20世纪70年代发射到月球上的月球车，曾用钋产生的热量来维持工作。

[钋] 20℃：固体　熔点：254℃

沸点：962℃　颜色：银灰色

致命 剧毒

33
As
74.92160

砷

和镓组成一对绝佳拍档

禁止 触碰！

　　砷是个变化多端的家伙。它有灰、黄、黑褐三种同素异形体，也就是由同种元素构成的不同物质。它有时像陈旧的黑煤块，有时是亮黄色的蜡状固体。如果把这种黄色固体暴露在光线中，它就会变成一种脆弱易碎的金属灰色固体，在空气中渐渐失去光泽。尤其惊人的是，砷通常不会熔化，而是直接升华为气体——因为它的沸点比熔点更低！

凶手！

砷含有剧毒，它的许多化合物也一样。历史上有太多人死于砷中毒，即使只接触到一点点，也会让人病入膏肓。难怪需要有严格的法律来规定如何处理它。

1815年，法国皇帝拿破仑在经历滑铁卢战役的失败后，被流放到大西洋的圣赫勒拿岛。他于六年后去世，后来有专家推测，他很有可能是被自己房间里的壁纸毒死的！因为壁纸所用的染料是以砷为主要成分的巴黎绿。

许多臭名昭著的杀人犯也曾用砷做毒药，因为只要100毫克的剂量就能致人于死地，并且在受害者体内很难被追踪到。直到1836年，一位英国化学家才发明了一种灵敏的方法，可以用来检测受害者体内的砷。

如果你遇见一块红宝石颜色的石头，一定要当心——它有可能是雄黄；如果你遇见一块黄琥珀模样的岩石，一定要避开——它很可能是雌黄。雄黄和雌黄都是富含砷的矿物。

砷尽管有毒，但也是非常有用的。它和镓混合在一起，很适合作为"杂质"掺入电子芯片中，让它们运行得更快。

[砷] 20℃下：固体　熔点：817℃　沸点：614℃　颜色：灰色

夹缝中的元素

欢迎来到第3族扩展部分，认识这些不速之客

科学家们用半衰期来衡量镧系元素等放射性元素的寿命。所谓半衰期，就是放射性元素半数的原子发生衰变所需要的时间。

La 57	Ce 58	Pr 59	Nd 60	Pm 61
镧	铈	镨	钕	钷
Ac 89	Th 90	Pa 91	U 92	Np 93
锕	钍	镤	铀	镎

谁辐射得更久？

锘	铹	钚
58分钟	10个小时	88年

镧系元素

镧系的15种元素，以及与镧系密切相关的钇和钪，通常统称为稀土元素（Rare Earth Elements），英文简写为"REEs"。但是，它们并不是什么"稀少的土"，而是一些银色金属，之所以被叫作"稀土"，是因为它们总是广泛分布在矿物中，而含量却又很少。它们的化学性质相差不大，但磁性却大相径庭——有些元素，比如钕，可以制造出超强的磁铁。你可以在混合动力汽车、超导体和强磁铁中找到它们。

锕系元素

锕系的15种元素都属于原子序数较大的元素。它们非常危险，具有高度的放射性——不停衰变并释放出放射性的射线。除了铀和钍以外，这里的大多数元素都是人造元素，因为它们在自然界中会自行衰变消亡。尽管如此，铀和钍的放射性仍然在核能源和令人恐怖的核武器中派上了用场。

锕系元素　　　　　　　镧系元素

镧系和锕系元素是元素周期表上的"不速之客"！对于其他元素来说，都是一个额外的电子被添加到原子最外面的电子层之后，形成一种新的元素；而对于这些家伙来说，额外的电子被添加到了里面的电子层，因此它们最外层的电子数都是相同的。这导致它们扎堆挤在元素周期表左下方的夹缝中，为此，化学家又给它们单独做了两行附表！

m	62	Eu	63	Gd	64	Tb	65	Dy	66	Ho	67	Er	68	Tm	69	Yb	70	Lu	71
		铕		钆		铽		镝		钬		铒		铥		镱		镥	
不	94	Am	95	Cm	96	Bk	97	Cf	98	Es	99	Fm	100	Md	101	No	102	Lr	103
		镅		锔		锫		锎		锿		镄		钔		锘		铹	

铜

铀

钍

1560万年　　　　　　　7亿年　　　　　　　140亿年

57 La 138.90547

镧

镧是一种非常柔软的金属,可以用刀切开。不过,它的名气主要来自它在镧系元素中第一把交椅的位置——这类元素曾经被称为稀土元素,因为人们一度误认为它们非常稀有,且只能制得少量不溶于水的氧化物(称为"土")。镧元素从来不会单独出现,它只存在于两种矿物中:独居石和氟碳铈镧矿石。它主要用于制造混合动力汽车的电池,在清除池塘藻类方面也有很好的效果。

[镧] 20℃下:固体　熔点:920℃
沸点:3464℃　颜色:银白色

58 Ce 140.116

铈

暗灰色的铈看起来有点儿像铁。如果用小刀刮它,会擦出一串火花,因为铈碎屑一旦暴露在空气中就会立即燃烧——很适合用来制造电影特效!因此,有些打火机的火石也是用铈做的。很多带有自清洁功能的烤箱上都有铈涂层,因为它可以把油烟变成容易擦拭的灰。铈在清洁汽车和柴油机尾气方面也很有用,它还可以用来制作无毒的油漆。

[铈] 20℃下:固体　熔点:795℃
沸点:3443℃　颜色:铁灰色

Pr 镨

镨的英文名"Praseodymium"看起来很奇怪，原来它来自希腊语，意思是"绿色的孪生兄弟"，因为它总是与钕共生在一起，且暴露在空气中会被氧化成绿色。科学家们喜欢镨，因为在实验中，它可以帮助他们把光速降低到几乎停滞。镨暴露在变化的磁场中时会变冷，这种神奇的特性也帮助科学家们创造出了最低的温度记录：零下273.144℃，接近"绝对零度"。咯咯咯——，好冷呀！

[镨] 20℃下：固体　熔点：935℃
沸点：3520℃　颜色：银灰色

Nd 钕

银色的、柔软的钕称得上是"磁力之王"！它可以跟铁和硼结合，制成钕（铁硼）磁铁，吸起自身重量1000倍的重物。微小的钕磁铁可以用于制造耳机和电脑硬盘，在航模和电动汽车所需的轻型电机上也有出色的表现。此外，钕还可以帮助人们制造出最强的激光束，称为钕钇铝石榴石（Nd：YAG）激光，因为它是通过钕（Nd）以及钇、铝和石榴石（合称钇铝榴石，YAG）激发出来的。

[钕] 20℃下：固体　熔点：1021℃
沸点：3074℃　颜色：银白色

钷

钷可是超级稀有的！因为它具有放射性，而且衰变得奇快。这对于原子较小的元素来说是非常罕见的。正因为这样，科学家们直到 1945 年才发现钷。不过，它有一种放射性更加持久的同位素，可以做成蓝色发光涂料，用于制造非常微小的"原子电池"。这种电池使用寿命长达数年，可以完美地适用于心脏起搏器、制导导弹和微型无线电设备。

[钷] 20℃下：固体　熔点：1042℃

沸点：3000℃　颜色：银色

62
Sm
150.36

钐

一些早期的头戴式耳机，离不开强劲的微型钐钴磁铁。如今，它已经被性能更好的钕磁铁取代。但微波炉是个例外，它仍然使用钐钴磁铁，因为这种磁铁即使在高温下也依旧可以保持磁性。钐还有一种黑色晶体化合物——硫化钐，是很好的电子半导体材料。如果你刮擦它，它就会变成金黄色，并且变成完全导体！

[钐] 20℃下：固体　熔点：1072℃

沸点：1794℃　颜色：银白色

63 Eu 151.964 铕

铕可以帮助我们识别假币！真欧元钞票的金属条中含有微量的铕元素，在紫外光照射下会发出红光，而假钞却不会发光。所以，钞票可以通过验钞机来验明真伪。另外，如果你的节能灯发出柔和的暖光，而不是刺眼的白光，那也是因为铕的存在。铕吸收中子的能力非常强，这使得它在核反应堆的控制棒中大显身手。

[铕] 20℃下：固体　熔点：826℃
沸点：1529℃　颜色：银白色

64 Gd 157.25 钆

铕在吸收核反应堆的中子方面有着非凡的本领，但钆的表现更加出色——几乎可以说是最棒的！钆也有很强的磁性，但这仅限于凉爽的条件下，一旦温度升到19℃以上，它就会失去磁性。如果你去医院做核磁共振扫描（MRI），医生有时会给你打一针钆剂，这种造影剂会扩散到你的全身，提高扫描图像的准确性，让病灶看起来更明显。

[钆] 20℃下：固体　熔点：1312℃
沸点：3273℃　颜色：银色

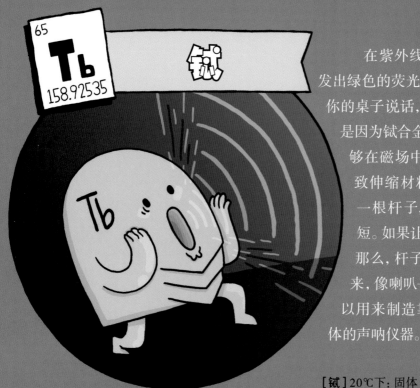

65	
Tb	铽
158.92535	

在紫外线或蓝光的激发下，铽会散发出绿色的荧光。更诡异的是，它还可以让你的桌子说话，或者让你的窗户唱歌！这是因为铽合金有一种奇怪的特性——能够在磁场中伸长或缩短。一种名叫磁致伸缩材料的铽镝铁合金可以制成一根杆子，根据音频信号伸长或缩短。如果让它固定地接触一个表面，那么，杆子就会带动这个表面振动起来，像喇叭一样。此外，这种合金还可以用来制造靠反射声波来探测水下物体的声呐仪器。

[铽] 20℃下：固体　熔点：1356℃

沸点：3230℃　颜色：银白色

66	
Dy	镝
162.5	

镝（Dysprosium）的英文名来自希腊语，意思是"难以获得的"。这是因为1886年发现它的那位法国科学家费了九牛二虎之力才把它分离出来。镝的反应性非常强，在自然条件下从不单独存在。它非常柔软，可以用刀切开，在空气中会被快速锈蚀，而且溶于酸。把它放在任何靠近水的地方，就会产生氢气并发生爆炸！尽管如此，它却是钕铁硼磁铁里一种含量小而作用大的关键成分，此外还用于电动汽车。不过，镝元素的供应量非常少。

[镝] 20℃下：固体　熔点：1407℃

沸点：2562℃　颜色：银白色

67 Ho 164.93032

钬

钬是医生的朋友。它本身并没有磁性，却可以使磁力显著增强。当需要超强磁铁（比如医院进行核磁共振扫描）时，这个特点可以起到非常重要的作用。钬对眼科手术也很有帮助，它被少量添加到钇铝石榴石激光器中，可以激发出一个超级精准的手术激光束。可惜的是，钬实在太稀有了。

[钬] 20℃下：固体　熔点：1461℃

沸点：2720℃　颜色：银白色

68 Er 167.259

铒

铒可以让玻璃呈现出粉红色。如果你想要一副玫瑰色的眼镜，它可以帮忙。像铕一样，它也可以添加到节能灯泡中，让灯光更加温暖。如果你在牙医那儿做过激光手术，那么激光束的动力很可能就来源于铒。铒的英文名来自瑞典小村庄"伊特比（Ytterby）"，除了它，还有三种元素（铽、钇和镱）也是以这座村庄命名的，因为它们都是在这里首次被发现的。

[铒] 20℃下：固体　熔点：1529℃

沸点：2868℃　颜色：银色

69		
Tm	**铥**	
168.93421		

大多数镧系元素都有一些"过人之处"，用途广泛，但铥是个例外。它是一种稀有的金属，主要存在于矿物独居石中。不过铥也有一些有趣的特性，比如它很柔软，可以被小刀切开；燃点比纸更低，可以用在舞台灯光中。铥是以斯堪的那维亚半岛的旧称图勒（Thule）命名的。

[铥] 20℃下：固体　熔点：1545℃
沸点：1950℃　颜色：银灰色

70		
Yb	**镱**	
173.054		

自从中国发现了储量丰富的镱之后，镱就不再像先前人们以为的那么稀有了。镱的导电性有点儿奇怪，通常情况下它是可以导电的，但用力挤压之后就成了半导体。被挤压得越厉害，它的导电性就越差。这使它非常适合用来制造极端条件下（比如核爆炸）的压力表。

[镱] 20℃下：固体　熔点：819℃
沸点：1196℃　颜色：银色

71		
Lu	**镥**	
174.9668		

镥曾是世界上最昂贵的元素，1克就要75美元！如今便宜了一些，因为人们找到了更好的提取方法，但仍然价值不菲。它是所有镧系元素中硬度和密度最大的，而镧系元素的原子密度本身就非常高。镥是用"巴黎"的拉丁文名称（Lutecia）来命名的，因为它是1907年在那里被发现的。

[镥] 20℃下：固体　熔点：1652℃
沸点：3402℃　颜色：银色

照明工程师非常喜欢铒。给灯泡涂上一层铒，它就会吸收灯光，并发射出一种神奇的祖母绿色光线。铒还可以用来制造激光器，用于精度要求非常高的手术。另外，如果你想制造一个可随身携带的辐射剂量探测器，铒也能派上用场。

镱最有用的同位素是镱－169，它不是天然的，可以发出伽马射线。这使得它非常适合为便携式X光机提供辐射，尤其是在那些没有电源的地方。

2001年，镥向地质学家们表明，地壳的年龄比人们想象的还要多2亿岁。原来地壳中有一种叫作镥－176的同位素，能以非常精确的速率缓慢衰变成铪。于是，人们通过检测岩石中的铪含量发现，地壳其实非常古老——已经有43亿年的历史了！

组合起来

原子和元素很少能长期单独存在,它们常常会组合在一起,或者相互反应,形成新的物质。新物质可以用分子式来表示。分子式中包括组合中所有原子的元素符号,符号右下角的数字表示每个分子中各种原子的数量。

如果只有一种元素,那么两个原子就可以结合成一个分子。例如,氧气是由两个氧原子构成的自然分子。

$$O_2$$

化合物是由两种或两种以上不同元素的原子结合而成的。这些原子的比例总是固定的。例如,在二氧化碳分子中,每 2 个氧原子对应 1 个碳原子。

$$CO_2$$

化合物有自己的特性,与构成它们的原子非常不同。

至于混合物,则是由多种元素在原子完全没有结合的情况下聚集在一起形成的!例如,空气就是一种由单质气体(如氧气、氮气)和化合物(如二氧化碳)组成的混合物。

多种化学物质相遇并相互反应,就叫作化学反应,如火焰燃烧或铁生锈。在化学反应过程中,各种化学物质的分子会破裂成原子,原子重新排列组合生成新分子,因而会形成新的化合物或释放出某些元素。

燃烧是一种会放热发光的化学反应。例如,碳氢化合物可以与氧气发生燃烧反应,产生光和热,以及水和二氧化碳。木头里就有大量碳氢化合物。

发酵粉里面含有化合物碳酸氢钠,它是由钠、氢、碳和氧组成的,分子式是 $NaHCO_3$。将这种粉末加入蛋糕面团并送进烤箱后,碳酸氢钠就会与粉末中的酸发生反应,产生大量二氧化碳气泡,让你的蛋糕变得松软多孔。

89 Ac 227 锕

你一眼就能发现黑暗中的锕——它会让周围的空气发出明亮的蓝色光芒！这是因为它具有超强的放射性，大约是镭的150倍。它发出的射线可以撞击空气中的原子并使它们带电，从而让空气也能发光。尽管如此危险，它却可以用于治疗癌症。此外，海洋学家还可以通过在海洋深处追踪微量锕的放射性痕迹，来揭示气候变化是如何影响洋流循环的。

[锕] 20℃下：固体　熔点：1050℃
沸点：3198℃　颜色：银色

90 Th 232.038 钍

钍（Thorium）是以北欧神话中雷神托尔（Thor）的名字命名的。它和铀一样具有超强的放射性，而且储量是铀的3倍。钍和铀的放射性是使地球内部保持高温的原因。也许，钍很快就会取代铀成为核能发电的燃料，为世界提供1000年的电力。在第二次世界大战中，盟军在德国发现了一堆钍，因此认为德国人正在计划制造核弹。而事实上，他们只是想制造牙膏，声称钍的射线能杀死口腔细菌——殊不知这非常危险！

[钍] 20℃下：固体　熔点：1750℃
沸点：4788℃　颜色：银色

91	
Pa	**镤**
231.03588	

镤是放射性最强的元素之一。因此，人们一度认为可以用它来制造原子弹。但实际上，它实在太稀有了！尽管那种绿色的矿物铜铀云母中含有微量的镤，但要想把它提取出来却非常不易。既然如此，又何必自寻麻烦呢？镤的放射性令它成为地球上最毒的元素之一。值得一提的是，如果你的房间里有烟雾报警器，那很可能就会有微量的镤（放心，剂量很小，不会对人体造成伤害）——因为报警器里面的镅会衰变产生一点点镤。

[镤] 20℃下：固体　熔点：1568℃
沸点：4027℃　颜色：银色

93	
NP	**镎**
237	

镎和镤一样具有超强的放射性，也十分稀有。尽管如此，你家里同样可能会有一点点镎。它的来源和镤一样，当烟雾报警器中的镅衰变时，也会产生微量的镎。镎与铀一起共存于自然界中，但由于它的含量实在太少，而且极难提取，所以直到1940年才被发现。科学家们把它叫作镎（Neptunium），是因为它在元素周期表中紧挨着铀（Uranium），就像太阳系中的海王星（Neptune）紧挨着天王星（Uranus）一样。

[镎] 20℃下：固体　熔点：644℃
沸点：3902℃　颜色：银色

92

U

238.02891

铀

超级危险的大佬

原子弹和核电站背后的能量来源

好重啊!

　　铀是一位真正的大佬! 它是自然界中原子序数最大的元素,这使得它与众不同。它的原子如此之大,因而具有持久的放射性——不断衰变并发出危险的射线。虽然它是一种坚硬的银色金属,但可以跟大多数非金属元素反应形成化合物。比如暴露在空气中时,它会因为表面生成一层薄薄的氧化铀而变成黑色。

核能量

巨大的铀原子核里蕴藏着一股可怕的力量。超新星爆炸需要极大的能量才能形成如此巨大的原子，因此它们的原子核内充满了能量。

在自然界中，铀的能量会随着原子核的衰变而极其缓慢地释放出来，这有助于保持地球内部的高温。但是原子弹在零点几秒内就能击碎铀原子核，使其中蕴藏的能量在毁灭性的爆炸中瞬间释放出来。原子核的这种分裂方式叫作核裂变。

核电站则是以更加可控的裂变方式来释放能量的，以此来制造热量，产生蒸汽，驱动涡轮机工作。一颗直径 6 厘米的铀燃料球，释放的能量相当于 1.5 吨优质煤炭。正因为如此，工程师们在设计时必须非常小心，以保证万无一失。

有一种内卷褐边衣非常喜欢铀！1998 年，人们发现这种真菌生长在英国一个旧铀矿的矿石堆上，愉快地吸收着来自铀的辐射。

第二次世界大战期间，铀向全世界展示了它惊人的威力。1945 年，美国空军向日本广岛投下了一枚原子弹。可怕的爆炸瞬间摧毁了这座城市，8 万多人因而丧生。

[铀] 20℃下：固体　熔点：1132℃　沸点：4131℃　颜色：银灰色

钚和锔

钚和锔的原子比铀更大，蕴藏的能量也更多。哇！它们两个都具有极其危险的放射性。锔的放射性很强，会在黑暗中发出紫色的光！但是这两种物质几乎都不是天然存在的，而是人们从核反应堆中制造出来的。用中子轰击铀可以得到钚，再用中子轰击钚就可以得到锔。

钚原子核中积聚了大量的能量。1945 年投放在日本广岛的原子弹中，含有 60 千克铀。而几天之后投放在长崎的第二颗原子弹中，只含有 1/10 重量的钚，但爆炸的威力却更大。这些炸弹造成的破坏简直骇人听闻！谢天谢地，此后人类再也没有投下过钚弹。

如今，钚被应用在快中子增殖堆核电站中。另外，它还作为微小、持久的动力来源用在机器人航天器中，帮助它们进行穿越太阳系的长途航行。

[钚] 20℃ 下：固体　熔点：639℃
沸点：3228℃　颜色：银灰色

20 世纪 50 年代，年轻的英国女王伊丽莎白二世在访问一个原子能研究机构时，曾受邀触摸装在塑料袋中的钚环！她亲手感受到了它的温度，因为钚具有放射性！但这没有对她造成任何伤害。

1944 年，美国科学家格伦·西博格和他的团队发现了锔。但由于是在世界大战期间发现的，所以对此一直高度保密。直至 1945 年战争结束后，西博格才在儿童广播节目《儿童问答》中透露了他的秘密。

锔的英文名叫作 "Curium"，这并不是出于好奇（curious），而是用著名的科学家伉俪居里（Curie）夫妇的姓氏命名，以纪念他们发现了第一批放射性元素。锔不像钚那么危险，它为心脏起搏器提供了一种完美的微型电源。此外，它还可以用在太空探测器上，用来制造一种特殊机器，对月球和火星上的岩石进行即时分析。一些科学家建议将世界上不断增加的钚储备转化为锔——锔不仅寿命更短，还能用来制造比恐怖的核弹更加有用的东西。

[锔] 20℃ 下：固体　熔点：1345℃
沸点：3100℃　颜色：银灰色

超级交际派元素

欢迎来到第17族，还有第14族到16族的一部分

谁最先熔化？

氟   氮   氯

−220°C   −210°C   −102°C

六巨头

六巨头包括碳、氮、氧、磷、硫5种元素，再加上硒。氧、碳和氮分别是宇宙中存量排名第3、第4和第7的元素。我们呼吸的空气，几乎完全是由氮和氧两种元素组成的。你的身体中65%是氧，18%是碳，3%是氮，还有10%是氢——它几乎可以算是这个巨头组织的荣誉成员。

与元素周期表上其他84种金属元素相比，非金属元素只有上面寥寥几种。它们很难归类——既有固体，也有液体，还有气体！

上面表格里的这些元素，大多可以与氢（有时还需要一点点氧）结合形成酸。例如，纯硫酸能腐蚀肉体，烧穿固体金属。而化学家们还用氟制造出了许多"超强酸"。例如，氟锑酸的腐蚀性是硫酸的10亿倍，任何容器都会被腐蚀掉——除了特氟龙！

卤族元素

卤族元素具有强烈的反应性和浓重的刺激性气味，它们是元素周期表中位于倒数第二列的家族，英文名都以"ine"结尾，如氟（Fluorine）和氯（Chlorine）。在纯净的单质形式下，这些家伙的确很惹人讨厌。例如，氟气会攻击各种物质，具有很强的腐蚀性。氯气在第一次世界大战中曾被用作毒气，但它与其他元素结合形成化合物之后，往往非常有用。例如，它和钠结合在一起，就变成了食盐！

溴

−2℃

磷

44℃

硫

115℃

C

12.0107

碳

形成了上千万种化合物

一切**生命**都依赖它

坚硬

碳形成的化合物，比其他所有元素加起来还要多！事实上，化学中有一个完整的分支，叫作有机化学，专门研究碳。碳元素形成的单质有多种形态，或者称为同素异形体——如金刚石、石墨、炭黑、富勒烯等，但它们的性质迥然不同。例如，金刚石是世界上最坚硬的固体之一，而光滑的石墨则是最柔软的固体之一。

柔软

生命的来源

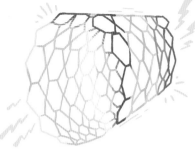

没有碳，就压根儿不会有生命。碳具有和氢、氧结合形成复杂化合物分子的神奇能力，而正是这些化合物构成了生命存在的物质形式——从一切植物中的纤维素到所有动物体内的蛋白质。事实上，你吃的大部分食物都是由碳化合物构成的。

碳足迹是现在的热门话题，这是因为碳氢化合物还是石油、煤炭和天然气等化石燃料的主要成分。我们把它们从地下开采出来，为我们的生活提供能源。可是，这样会排放大量二氧化碳——它聚积在空气中，会截留来自太阳的热量，对气候造成破坏性的影响。碳足迹可以衡量你向大气中排放了多少二氧化碳，开车旅行和使用燃料都会增加排放量。

富勒烯是一些只有一个分子那么厚的薄片，里面的碳分子像铁丝网那样交织在一起。不过，它们通常团成球状，称为巴克球；或者卷成微小的奇妙管状，叫作纳米管。

钻石美丽非凡，几乎是世界上最坚硬的天然物质，适合用来切割东西。不过，科学家们又制造出了一种人造钻石，叫作Q-碳，硬度比天然钻石还要高！

[碳] 20℃下：固体　熔点：3550℃　沸点：3825℃　颜色：银白色

7

N

14.00674

氮

植物离不开它

制造 → "爆炸物！"

你也许不知道自己正沐浴在氮气中！空气中大约78%都是氮气。幸运的是，它是无色、无味的，而且不容易发生反应。所以，它随着呼吸进出你的身体，却对你完全没有影响。可是，氮的化合物就不一样了！各种生物——尤其是植物——都依赖于含氮的化合物，而它们的反应性非常强，世界上一些威力巨大的炸药都是含氮化合物。

它就在空气中

氮无处不在！它存在于空气中、土壤中，在我们站立的脚下，在我们喝的水里。氮在生命界扮演着关键的角色。它以多种多样的形式在生物和非生物之间循环，在海洋、陆地和空气之间循环，这被称为氮循环。

如果土壤中没有氮，植物就不能正常生长。不过，这也需要维持适当的平衡——氮太少会让植物枯黄，氮太多则对植物有害。农民向土壤中施加适量的氮肥，可以让庄稼长得更好。此外，氮还是DNA的关键成分，而DNA作为一种生物分子，可以为所有生物提供生命指令。氮有助于形成DNA梯状结构的横档，没有它，DNA就会分崩离析。

在零下196℃时，氮会变成液体。把香蕉放在液氮里，它会冻得很硬，可以当锤子用！液氮可以用来保存待移植的器官，比如心脏。

氮可以制造爆炸物！它与钾结合，可以产生制造火药所用的硝石；与氢、氧和碳结合，可以制造出高爆炸性的硝化甘油。它的另一种化合物——叠氮化合物，可以通过爆炸为汽车的安全气囊充气，用来拯救生命。

嘿，看见了吗？

哇！氮气加速自行车*！

是这样吗？

*Nitrogen cycle在这里既表示"氮循环"，又有"氮气加速自行车"的意思。

[氮] 20℃下：气体　熔点：−210℃　沸点：−196℃　颜色：无色

氧是地壳中含量最丰富的元素。它是一种看不见的气体，在我们呼吸的空气中大约占20%，没有它，我们用不了几分钟就会死掉！与占空气78%的氮气不同，氧气有很强的反应性，可以促进火焰燃烧，让金属生锈——也叫"氧化"，因为这实质上是它们与氧气发生了反应。海洋也是由一种氧化物——水构成的。

赖以呼吸的氧气

你也许想不到，大约30亿年前，地球的空气中根本还没有氧气。后来，海洋中的微生物开始通过光合作用从太阳中获取能量，就像植物的叶片那样。作为回报，它们让空气中充满了氧气。多亏有了植物，空气才一直保持着现在这个样子。

如今的各种动物，包括我们人类，都离不开氧气！当你吸气时，肺把空气中的氧气转移到血液中。然后，血液把氧气送到身体的每个细胞，在它的作用下，你吃掉的食物中会释放出能量。最后，你呼出来的变成了二氧化碳。在地球上，随着海拔升高，空气中的氧分子越来越少；而到了太空中，就几乎没有氧分子了！正因为这样，人们在爬山时才会出现高原反应，而宇航员则需要从水中分解氧气来保证呼吸。

氧气本身不会燃烧，但它会促进燃烧！燃烧本质上是一种化学反应——可燃物与空气中的氧气发生的发光放热的反应。

大多数氧分子都有2个氧原子，比如氧气；但有些氧分子——如臭氧，有3个氧原子。大气层中有一层薄薄的臭氧，有助于保护地球免受来自太阳的有害紫外线的伤害。臭氧层过去被大气污染破坏得很严重，不过现在正在缓慢恢复。

[氧] 20℃下：气体　熔点：-219℃　沸点：-183℃　颜色：无色

构成人体的元素

你也许不知道,你的身体就是一张行走的元素周期表!人体的化学成分非常复杂,有60多种元素,各种元素的比例恰到好处,超过天然元素种类的2/3。

人体93%的重量是由氧、氢和碳3种元素构成的。

你身体一半以上的重量都是水,水是由氧、氢2种元素构成的。

氧、氢和碳以多种形式组合在一起,构成了你身体的肌肉、脂肪和其他固体物质。可以说,你身体的主要成分就是这3种元素!当然,还会零星掺杂一些其他元素。

除了这3大元素,你的身体还需要另外8种重要元素——氮、钙、磷、钾、硫、钠、氯和镁。

还有很多元素在你身体内的含量极其微小,叫作微量元素。人体所需的微量元素至少有12种,包括铁、碘、锌等,它们共同维持身体的健康。

此外,一些有毒的化学物质也会出现在你的身体内,如铅、镉、汞、砷等。如果它们的含量极少,你的身体还可以应付;而一旦任何一种含量增加,都会让你生病。

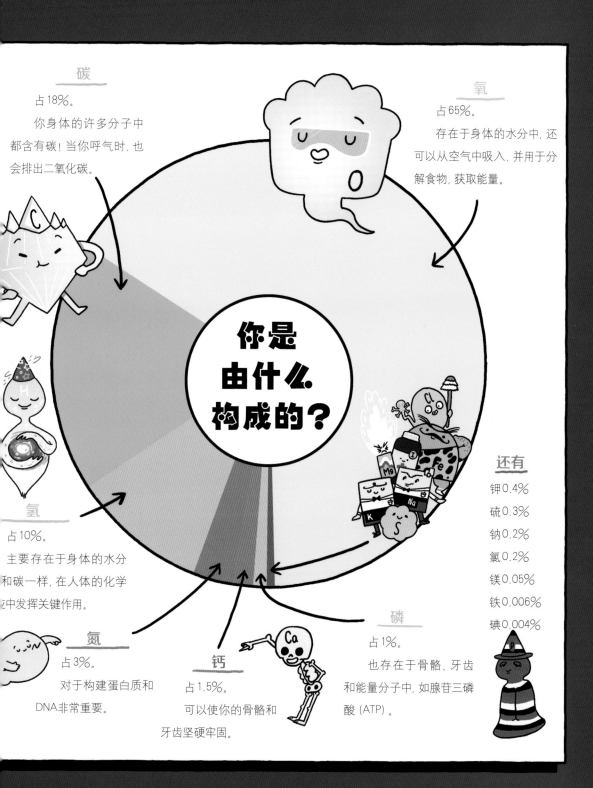

碳

占 18%。

你身体的许多分子中都含有碳！当你呼气时，也会排出二氧化碳。

氧

占 65%。

存在于身体的水分中，还可以从空气中吸入，并用于分解食物，获取能量。

你是由什么构成的？

氢

占 10%。

主要存在于身体的水分中，和碳一样，在人体的化学反应中发挥关键作用。

氮

占 3%。

对于构建蛋白质和 DNA 非常重要。

钙

占 1.5%。

可以使你的骨骼和牙齿坚硬牢固。

磷

占 1%。

也存在于骨骼、牙齿和能量分子中，如腺苷三磷酸 (ATP)。

还有

钾 0.4%
硫 0.3%
钠 0.2%
氯 0.2%
镁 0.05%
铁 0.006%
碘 0.004%

磷

15
P
30.973762

一种邪恶的元素

易燃且有毒

磷的单质有白色的、红色的，还有紫色的和黑色的。每一种同素异形体都是有毒且超级易燃的。白磷在黑暗中会发光，暴露在空气中就会燃烧起来！然而，我们的身体却需要一点点磷来制造DNA，它还存在于三磷酸腺苷（ATP）中，而后者是我们身体里至关重要的化学信使。另外，我们的骨骼和牙齿也是由一种叫作磷酸钙的含磷化合物构成的。

"邪恶"的元素

1669年，人们从尿液中发现了磷。尿液是金黄色的，德国炼金术士亨尼格·布兰德据此认为，它里面可能包含着魔法石的秘密，可以把普通的金属变成金子。布兰德把尿液熬煮过后，得到了一种白色粉末，原来它只是磷的一种化合物。磷可以发光，所以它的英文名"Phosphorus"在希腊语中是"光明使者"的意思，也是启明星的英文。

在第二次世界大战中，盟军飞机向德国的城市汉堡投下了一些可怕的白磷弹。至今，磷仍然被应用在武器中。然而，农民将磷酸盐（磷制造的化合物）施加在土壤中，可以让庄稼长得更好。磷还是可乐的成分之一！

在著名的福尔摩斯侦探小说《巴斯克维尔的猎犬》中，那只可怕的恶狗被坏人涂上了白磷，让它在黑暗中闪闪发光，看起来超级邪恶！

最早的火柴头是用白磷做的，可以产生短暂的火焰。但它给那些造火柴的女工们带来了一种可怕的口腔疾病——磷毒性颌骨坏死。如今，安全的红磷只有在火柴皮上才能擦燃。

[磷] 20℃下：固体　熔点（白磷）：44℃　沸点（白磷）：280℃　颜色：无色

16		34
S	**硫和硒**	**Se**
32.066		78.97

黄色恶臭的硫化物……

好臭啊!

硫本身没有气味,但它的化合物却会发臭! 硫是从陆地和海底的火山中渗漏出来的,过去被称为硫黄或者"燃烧"石,因为它像磷一样易燃。幸运的是,硒没有任何臭味,你甚至可以在洗发水里找到它。不过硒燃烧后会发出一种腐烂萝卜的臭味!

嗳~

千万别靠近臭鼬！如果你被它的臭液喷到，会一连臭上好多天！这是因为臭液中有一种难闻的硫化氢化合物——硫醇，也正是这种物质让鸡蛋和大蒜发臭！

屁的气味也来自硫的化合物——硫化氢！它闻起来非常刺鼻，而且会让人生病。这就是为什么污水处理厂中要有气体探测仪！不过硫也并不总是臭的，它对我们的身体至关重要，有助于构建蛋白质和骨骼。

在氧气和热量的作用下，硫会燃烧并发出明亮的蓝色火焰。它是火药的关键成分，如今仍被用来制作鞭炮！1839年，查尔斯·古德伊尔（Charles Goodyear）偶然发现，天然橡胶和硫黄粉混合加热后，可以得到一种弹性大、加热也不会融化的橡胶。如今，这一工艺被用于制造从鞋底到汽车轮胎的各种物品，有一家著名的生产商就叫固特异（Goodyear）。

[硫] 20℃下：固体　熔点：115℃　沸点：445℃　颜色：黄色

硫形态多变。它有时是银灰色的固体，看起来好像金属，尽管它不是；有时是红色的粉末，添加到玻璃中会使玻璃呈现出鲜艳的红色。

另外，硒还是构成我们身体的重要组成部分。所以，你需要通过食物来摄入硒，保持身体的细胞正常工作。人体硒含量最高的部位是头发和肝脏。你可以多吃些巴西坚果、黄鳍金枪鱼、全麦糙米以及动物的肝脏和肾脏，以此来获得足量的硒以保持健康。

[硒] 20℃下：固体　熔点：221℃
沸点：685℃　颜色：金属灰色

被地球内部的热岩或熔岩加热过的地下水会冲破地壳，形成温泉。在这个过程中，那些富含硒和硫的矿物会溶解在里面，导致泉水发臭！

氟和氯具有超强的反应性，非常危险。氟气碰到任何东西——甚至是玻璃——都会立即着火，与氢气混合时还会发生爆炸。人暴露在氟气含量达 0.1% 的空气中就会死亡。氯气在第一次世界大战期间也曾被德国用作杀人的武器。不过，如果使用得当，这两种气体都会给人类的健康带来好处。

氟本身是一种气味难闻的淡黄色气体。但由于氟原子的最外层仅仅缺少一个电子，所以它几乎可以与任何其他原子结合，形成多种形式的化合物。例如，有一种氟化物是天然固体矿物，少量使用对强健牙齿有好处，所以人们把它添加进牙膏里，有时也加入饮用水中。

氟与钙结合在一起形成萤石。萤石不仅颜色鲜艳丰富，而且还能在黑暗中发光，像萤火虫一样，所以叫"萤石"。

[氟] 20℃下：气体　熔点：-220℃

沸点：-188℃　颜色：淡黄色

氟和碳结合形成氟碳化合物。其中有一种非常有用的氟碳化合物，叫聚四氟乙烯（PTFE）。它另一个广为人知的名字叫"特氟龙（Teflon）"，就是煎锅上那一层坚硬的不粘锅涂层，这让我们做起煎饼来十分方便！

氟碳化合物与氯结合会形成氯氟烃(CFCs)，可以用在喷雾器和冰箱中制冷。但它一旦泄漏到空气中，就会破坏保护我们免受太阳危险射线伤害的臭氧层，所以现在是禁止使用的。

氯本身也是一种味道刺鼻的黄绿色有毒气体。你一定闻过那种气味，因为它常被添加到游泳池中，防止里面滋生细菌，还常用作漂白剂来保持厕所清洁。向自来水中加入少量氯气有助于预防伤寒和霍乱等疾病的传播，从而挽救数百万人的生命。

和氟一样，氯的反应性很强，可以形成数千种化合物，比如食物和海水中的盐（氯化钠）。盐对人类的健康至关重要，古罗马士兵会定期得到盐（salt）作为报酬，"薪水（salary）"一词就是由此而来的。

[氯] 20℃下：气体　熔点：-102℃

沸点：-34℃　颜色：黄绿色

溴是最臭的元素之一！在室温下，它是一种深红色的液体，但只要稍微变暖一些，它就开始释放出难闻的红棕色蒸气。它可以用作热水浴池中含氯消毒剂的替代品，对灭火也很有帮助。但和氯氟烃一样，溴也会破坏大气中的臭氧层，所以已经不再广泛使用。

[溴] 20℃下：液体　熔点：-7.2℃
沸点：59℃　颜色：深红色

把黑色的固体碘加热，它会变成紫色的气体，真神奇！碘在自然界中含量稀少，尽管大海和海藻里含有很多碘元素。它可以帮助颈部的甲状腺分泌儿童生长所需的激素，所以我们要吃加碘的食盐。19世纪30年代，碘曾被用来制作第一批照片，因为溴和碘的蒸气可以让底片曝光部分的银变黑，从而显示出图像。

[碘] 20℃下：固体　熔点：114℃
沸点：184℃　颜色：黑色，蒸气为紫色

砹让人捉摸不定，而且十分罕见。它是最稀有的元素之一，人们从未见过它的单质形式，因此也没人知道它究竟是什么颜色！它有点儿像碘，蒸发得很快。不过它也具有超强的放射性，所以它的稀有也不见得是一件坏事！

[砹] 20℃下：固体　熔点：302℃
沸点：337℃　颜色：未知

如果你是一个超级富有的罗马人，你会身穿一件深紫色的袍子。这种颜色的染料叫"提尔紫"，是从某种海螺中提取出来的，而它的部分颜色来源于溴。提尔紫非常稀有，所以十分昂贵。

如果你被割伤或擦伤，医生会为你在伤口上轻轻涂一些碘酒。虽然涂的时候会很痛，不过不用担心，碘可以杀灭细菌。几个世纪以来，碘一直用于治疗轻微的创伤。如果没有它，伤口可能会发炎化脓哦！

砹是地球上最稀有的元素。直到今天，化学家们总共才合成出百万分之一克的砹，而所有这些砹几乎都已经衰变掉了。即使化学家们想制造出足够多的这种元素来观察它，放射性所产生的高温也会让它瞬间变得无影无踪。

稀有气体

欢迎来到第18族，周期表最右边的元素

谁最先熔化？

氦

氖

氩

−272°C　　　　−249°C　　　　　　　　　　−189°C

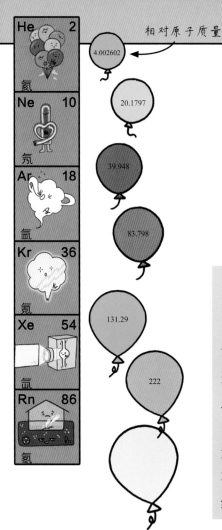

相对原子质量

He 2	4.002602
氦	
Ne 10	20.1797
氖	
Ar 18	39.948
氩	
Kr 36	83.798
氪	
Xe 54	131.29
氙	
Rn 86	222
氡	

孤僻的气体

这一族元素在周期表的最右边一列。它们真的非常特别,都是无色、无味的气体,化学家称它们为"高贵气体"。因为它们原子最外层的电子是满的,很难与其他元素结合并发生化学反应,所以有些化学家也把它们叫作"惰性气体"。尽管如此,某些比较重的稀有气体——如氪、氙和氡——偶尔也会形成化合物。

看不见的元素

因为稀有气体很难发生化学反应,所以人类很晚才意识到它们的存在。19世纪90年代,英国化学家威廉·拉姆齐留意到,实验室中制取的氮气总要比从空气中提取的轻一点点。他由此猜测一定还有其他看不见的气体混杂在空气中,让从空气中提取的氮气变得更重。于是,他很快便发现了氩,然后是氦(在那之前,人们只在太阳光谱中发现过它的存在)、氖、氪和氙。这些发现意味着元素周期表需要重新绘制,以便把第18族的元素全部加进去。

如果你不想让一切失控,稀有气体是很好的选择,因为它们不发生化学反应。事实上,如果没有稀有气体,我们就不会有电灯。电灯泡和灯管中充满了稀有气体,用来防止里面的电气元件被烧坏。霓虹(neon)灯不仅使用氖(Neon)气,还使用各种稀有气体的混合物,让灯光呈现出绚丽的色彩。

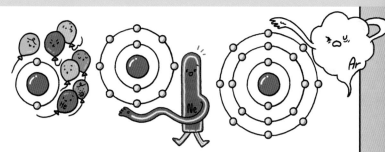

稀有气体之所以不活泼,是因为它们原子最外面的电子层已经被填满了。

氪

氙

氡

−153°C   −112°C   −71°C

He

2

4.002602

氦

超轻的气球气体

第二古老的元素

你可能会觉得，氦气没什么大不了。**氦无色无味，几乎跟任何物质在一起都没有反应。**它是如此之轻，如果把你手中的氦气球松开，它就会不断向上飘，最后进入太空，逃之夭夭。的确，除了排在它前面的氢，氦是所有元素中最轻的。但你可不要因此而轻视它！氦非常非常古老，它从宇宙诞生之初就已经存在了，并且占整个宇宙总重量的1/4以上。

派对气球

1868年，一位法国天文学家从太阳光谱中发现了一些不寻常的颜色，人们这才知道氦的存在。这些颜色表明，有一种未知的气体正在太阳上燃烧。科学家们把它命名为氦（Helium）——来自希腊语"Helios"，是太阳神赫利俄斯的名字。如今，我们知道氦是恒星持续燃烧的燃料之一。

氦随即也在地球上被发现，它存在于从熔岩中泄漏出来的气体和天然气中。事实证明，氦气非常有用！它很轻，所以非常适合填充派对气球。如果你需要一种不会发生化学反应的气体，那就可以考虑氦气。它可以充当电焊工焊接时的保护气；还可以跟氧气混合在一起供深海潜水员吸入，因为过多的氧气会造成氧中毒。此外，你在便利店买东西结账时，还会用到氦氖激光扫描。不过，我们正在一点点地耗尽地球上的氦气，因为每次使用它，就会有更多的氦飘浮逃逸到太空中去……

如果你有一个装满氦气的派对气球，可以请大人帮你玩一玩这个小游戏：小心地解开气球，吸入里面的氦气。然后，你的声音会变得非常卡通，听上去吱吱、吱吱的！这是因为你发出的声音在氦气中比在空气中传播得更快。

氦气冷却到−269℃以下时会变成液体，非常适合用来冷却核磁共振扫描（MRI）所用的超导磁体。而继续再向下冷却2℃，到−271℃，怪事就出现了！它变成了超级神奇的氦Ⅱ，沿着杯壁往上"爬"，然后从杯口溢出来，这就是超流体。

*Helium 听起来像宠物名字"Hailee"或"Hailay"。

[氦] 20℃下：气体　熔点：−272℃　沸点：−269℃　颜色：无色

没有什么东西能让氖气（Neon）发生反应，除了氟。但事实上，当你给氖气通上电时，它会发出璀璨夺目的光彩！如果你想要一场绚烂壮观的灯光秀，那么，霓虹灯（Neon lights）正是你所需要的。它们明亮的红色和橙色，令纽约时代广场和拉斯维加斯的灯光显得超级迷人。

霓虹灯

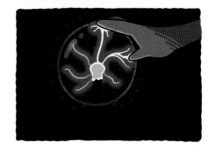

等离子体球中的氖气，是通过中间电极发出的高压电流的枝蔓发光的。触摸玻璃球外部时，电流枝蔓会随着手的移动而改变形状，因为身体产生的电阻比玻璃的电阻要小。

氖是宇宙中第五丰富的元素，尽管它在地球上非常少见。直到1898年，两位英国化学家为了填补元素周期表上的空白，才发现了氖。他们收集了一种从氩气中蒸发出来的气体，并在光谱仪中对着它发射电子。最终，他们看到了一片绯红的光焰，从未有人见过这种光芒。

氖气明亮的光芒让人们无比兴奋，充满氖气的霓虹灯很快改变了城市的夜色。如今，五颜六色的灯光都被称为霓虹灯，但其实只有红色和橙色的灯光才是由真正的氖气霓虹灯发出来的。霓虹灯还有许多其他用途，比如用于激光器、用作冷却剂等。

据说，美国的第一个霓虹灯出现在20世纪20年代的洛杉矶。当时，汽车制造商帕卡德高价购入了两个霓虹灯广告牌，人们纷纷涌来观看，一度造成交通堵塞！

[氖] 20℃下：气体　熔点：-249℃　沸点：-246℃　颜色：无色

18 Ar 39.948 氩

氩的英文名"Argon"来自希腊语，意思是"懒惰"，因为它是一种不容易发生反应的重气体。不过它又是空气中含量仅次于氮的稀有气体，用途很广。它的惰性使得它非常适合添加到灯泡中，防止元件烧坏；它还被用在双层玻璃窗和钢铁制造中，防止材料被氧化。通电时，它能发出耀眼的蓝光！

[氩] 20℃下：气体　熔点：–189℃
沸点：–186℃　颜色：无色

36 Kr 83.798 氪

"氪石"受到氪的启发，是超人故事里杜撰出来的一种绿色固体，会削弱超人的力量。不过，氪却是一种真实存在的无色气体。尽管如此，人们还是很难找到氪（Krypton）——这个英文名来自希腊语，意思是"隐藏"。和氩气一样，氪气也是一种稀有气体，可以用于照明，还可以用于制造明亮的蓝白色条形灯，以及深紫色的激光束。

[氪] 20℃下：气体　熔点：–153℃
沸点：–153℃　颜色：无色

54 Xe 131.29 氙

氙也是一种难以捉摸的气体。它的英文名"Xenon"来自希腊语，意思是"陌生人"。像其他稀有气体一样，它也是无色的、"懒惰"的，极少形成化合物。不过，它很有可能成为下一代太空探测器的燃料。这种探测器将由微型离子推进器驱动，其中的离子就是带电的氙原子，它们可以推动探测器高速前进。此外，氙气还能在日光灯、摄影闪光灯和汽车前灯中发出清爽的蓝光。

[氙] 20℃下：气体　熔点：-112℃
沸点：-108℃　颜色：无色

86 Rn 222 氡

和其他气体一样，氡也是一种无色的稀有气体。它的原子很大，很容易分裂衰变，因而具有高度的放射性。事实上，氡可能是世界上最危险的气体之一，因为它是由花岗岩中的铀和钍经过放射衰变自然形成的。氡很重，所以能够积聚在花岗岩建筑的地下室，或者花岗岩地区的山谷里。不过，空气中氡的含量非常少，不会对人构成伤害。

[氡]：20℃下：气体　熔点：-71℃
沸点：-62℃　颜色：无色

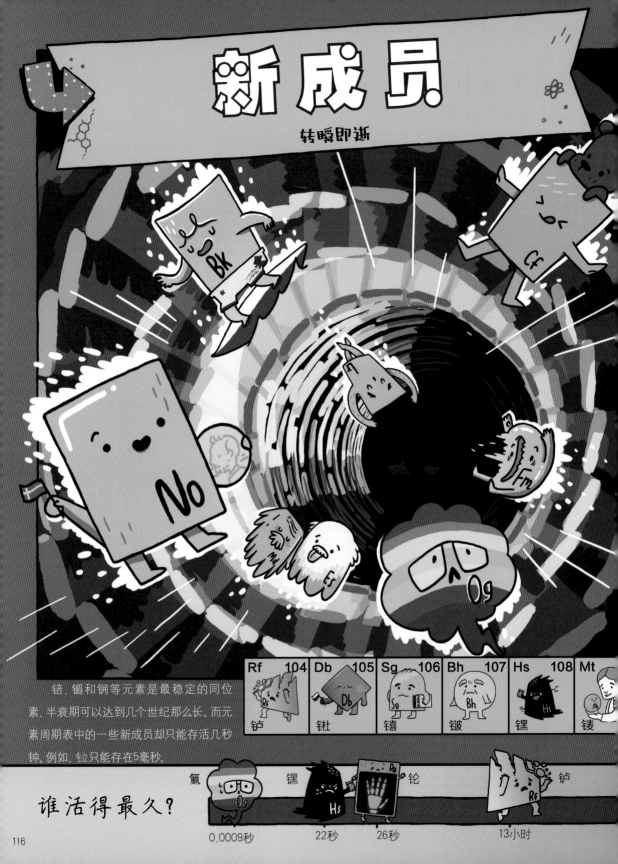

新成员

转瞬即逝

锫、镅和锎等元素是最稳定的同位素，半衰期可以达到几个世纪那么长。而元素周期表中的一些新成员却只能存活几秒钟。例如，鿭只能存在5毫秒。

Rf 104	Db 105	Sg 106	Bh 107	Hs 108	Mt
𬬻	𬭊	𬭳	𬭛	𬭶	䥑

谁活得最久?

氮 ... 镙 ... 铹 ... 𬬻

0.0009秒   22秒   26秒   13小时

人造元素

元素周期表前面的 94 种元素，从氢到钚，都是在恒星中自然形成的。而在过去的 70 年中，科学家们又自己制造了许多新原子，并把它们加入元素周期表中。目前已有 20 多种人造元素，今后一定还会有更多新成员加入。

怎样制造一种新元素呢？你需要让旧原子撞击在一起，直至它们结合成新的更重的元素。例如，科学家们用钙原子轰击锔，制造出了铊；用钙原子轰击锫，制造出了氲。这是极难实现的。你需要在核反应堆或核爆炸中，或是用一种更加可控的方式在粒子加速器中进行操作。

人造的合成元素根本不能持久！它们刚刚结合在一起，就立即分裂衰变了。科学家们用半衰期来衡量它们的寿命，也就是它们半数的原子核分裂衰变所需的时间。

镅是一个古怪的例外。其他元素新成员，通常都是科学家们一次性创造出来的，而镅却可以在核反应堆中被一次又一次地制造出来。同时，它还可能以微小的剂量在铀中自然产生。

Am 95	Cm 96	Bk 97	Cf 98	Es 99	Fm 100	Md 101	No 102	Lr 103
镅	锔	锫	锎	锿	镄	钔	锘	铹

Ds 110	Rg 111	Cn 112	Nh 113	Fl 114	Mc 115	Lv 116	Ts 117	Og 118
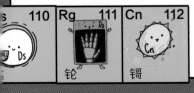								
𫟼	𬬭	鎶	鉨	𫓧	镆	鉝	石田	鿫

 锿

 锎

 镅

锕系元素新成员

95 Am 243 镅⑧

第二次世界大战期间，美国（American）科学家首次制造出镅（Americium）之后，一直秘而不宣，防止它被用作军事用途。但如今，许多烟雾报警器里都有少量的镅。

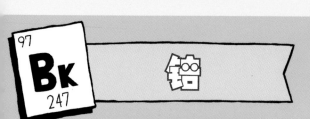

[镅] 20℃下：固体　熔点：1176℃
沸点：2011℃　颜色：银色

97 Bk 247 锫

锫（Berkelium）于1949年在美国加州大学伯克利分校（UC Berkeley）被制造出来，所以用了这所学校的名字来命名。它是地球上最稀有的元素，主要被用来制造其他更重的元素，比如鿬。

[锫] 20℃下：固体　熔点：1050℃
沸点：2627℃　颜色：未知

98 Cf 251 锎

锎也是美国加州大学伯克利分校于195_年首次制造出来的。它强烈的放射性射线非常适合用来扫描检查行李中的爆炸物，以及勘探黄金和石油。锎还可以让医用的核磁共振扫描更加清晰。

[锎] 20℃下：固体　熔点：900℃
沸点：未知　颜色：未知

99 Es 252 锿

1952年，在太平洋埃尼威托克环礁进行的一次核弹试验中，人们从放射性沉降物中发现了锿（Einsteinium）元素。它是以阿尔伯特·爱因斯坦（Albert Einstein）的名字命名的，因为他向人们解释了原子弹是如何释放能量的——虽然他非常厌恶原子武器。

[锿] 20℃下：固体　熔点：860℃
沸点：996℃　颜色：未知

100 Fm 257 镄

很久很久以前，地球上曾经有过镄。和锿一样，它是人们从埃尼威托克核弹试验的沉降物中发现的。如果科学家能让它持续存在几个月以上，它就有可能被用来治疗癌症。

[镄] 20℃下：固体　熔点：1527℃
沸点：未知　颜色：未知

101 Md 258 钔

钔最初是在美国加州大学伯克利分校的"粒子回旋加速器"中用锿制造出来的。但是，由于造出来的原子太少，没有人真正看见过它。

[钔] 20℃下：固体　熔点：827℃

沸点：未知　颜色：未知

102 No 259 锘

从 20 世纪 50 年代开始，美国、苏联和瑞典的科学家都声称他们制造出了102号元素。锘（Nobelium）是以诺贝尔奖创办人阿尔弗雷德·诺贝尔（Alfred Nobel）的名字命名的。

[锘] 20℃下：固体　熔点：827℃

沸点：未知　颜色：未知

103 Lr 262 铹

美国和苏联科学家一直在竞相制造103号元素。最终，也许是美国人赢了。铹（Lawrencium）是以欧内斯特·劳伦斯（Ernest Lawrence）的名字命名的，他于1929年发明"粒子回旋加速器"，并获得了诺贝尔物理学奖。

[铹] 20℃下：固体　熔点：1627℃

沸点：未知　颜色：未知

117 Ts 294 鿬

鿬（Tennessine）原子是目前已知的第二重的原子，它是由俄、美两国科学家于2010年共同制造出来的。他们用美国田纳西（Tennessee）州的名字来为它命名，并在词尾加上了"ine"，因为它可能像氟、氯一样，是一种卤族元素。

[鿬] 20℃下：固体　熔点：未知

沸点：未知　颜色：未知

118 Og 294 鿫

作为原子质量最重的元素，鿫（Oganessian）是由俄罗斯科学家尤里·奥加内森（Yuri Oganessian）所带领的团队在2002年用钙原子轰击锎原子首次制造出来的。它可能是一种像氡一样的稀有气体。

[鿫] 20℃下：气体　熔点：未知

沸点：未知　颜色：未知

她们发现了它们！

一个多世纪以来，有多位女性科学家在发现新元素和研究原子的团队中发挥了关键作用：

玛丽·居里（1867—1934）：钋、镭和关于放射性的许多知识

莉泽·迈特纳（1878—1968）：核裂变（原子如何进行分裂）理论和镤元素

伊达·诺达克（1896—1978）：铼

伊雷娜·约里奥-居里（1897—1956）：人工放射性

贝尔塔·卡利克（1904—1990）：砹

玛格丽特·佩里（1909—1975）：钫

克拉丽斯·菲尔普斯（1981— ）：鿬，目前正在研究同位素的工业用途

硬金属新成员

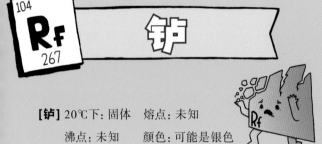

104
Rf
267

镥

[镥] 20℃下：固体　熔点：未知

沸点：未知　颜色：可能是银色

镥可能是一种银色的金属，在空气中会被腐蚀，但实际情况又有谁知道呢？它根本不会存在太久，所以没有人了解它！20世纪60年代，人们用钙原子轰击锎原子制造出了这种元素。

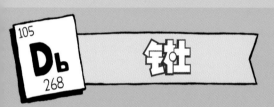

105
Db
268

𬭊

[𬭊] 20℃下：固体　熔点：未知

沸点：未知　颜色：可能是银色

超级重且具有放射性的𬭊（Dubnium），英文名来自俄罗斯城市杜布纳（Dubna），它是在当地的联合原子核研究所（JINR）中被首次制造出来的。人们给它起了好几个名字，包括Nielsbohrium和Hahnium，最后才达成一致，将它命名为"𬭊"。

106
Sg
269

𬭳

[𬭳] 20℃下：未知　熔点：未知

沸点：未知　颜色：可能是银色

𬭳可能是一种放射性金属元素。它是在美国加州大学伯克利分校被发现的，在人们用氧原子持续轰击锎原子一段时间后被少量观察到。𬭳（Seaborgium）的英文名来自美国化学家格伦·西博格（Glenn Seaborg），他和其他人一起共发现了10种元素。

107
Bh
270

𬭛

[𬭛] 20℃下：固体　熔点：未知

沸点：未知　颜色：可能是银色

1975年，苏联科学家将铋原子和铬原子撞击在一起，首次制造出了𬭛（Bohrium）原子。它是以丹麦科学家尼尔斯·玻尔（Niels Bohr）的名字命名的，他首次提出了电子层的概念。

108 Hs 269

镙

[镙] 20℃下：固体　熔点：未知
沸点：未知　颜色：可能是银色

镙可能算是锇的孪生兄弟，但具有高度的放射性。它最早是在俄罗斯的杜布纳和德国的达姆施塔特被制造出来的。因为达姆施塔特位于黑森（Hesse）州，所以它被命名为镙（Hassium）。

109 Mt 277

鿏

[鿏] 20℃下：未知　熔点：未知
沸点：未知　颜色：未知

鿏可能算是铱的孪生兄弟，只不过要重一些。鿏（Meitnerium）是用奥地利物理学家莉泽·迈特纳（Lise Meitner）的名字命名的，她是核裂变（分裂开原子核并使之释放出能量）理论的研究先驱。

110 Ds 281

𫟼

[𫟼] 20℃下：固体　熔点：未知
沸点：未知　颜色：未知

𫟼超级重，而且有高度放射性，算得上是一种"贵"金属。这并不是说它像金那样"贵重"，而是像稀有气体氖、氩那样不活泼，显得"懒惰"而"高贵"。𫟼（Darmstadtium）于1994年在德国达姆施塔特（Darmstadt）被首次制造出来，故而得名。它的原子序数是110，也是德国警察局的报警电话，所以也曾有人建议把它叫作"Politzium"。

111 Rg 282

𬬭

[𬬭] 20℃下：固体　熔点：未知
沸点：未知　颜色：未知

𬬭最早是在德国的达姆施塔特和俄罗斯的杜布纳被制造出来的，它可能是一种真正的贵金属：耐腐蚀，抗氧化，非常重，而且极其稀有——只造出了很少一部分原子。

112 Cn 285

鿔

[鿔] 20℃下：固体　熔点：未知
沸点：未知　颜色：未知

鿔（Copernicium）是用16世纪波兰天文学家尼古拉·哥白尼（Nicolaus Copernicus）的名字命名的。德国达姆施塔特的科学家以1.08亿千米的时速把锌离子轰入铅靶，历时两个星期才成功把它制造出来。

113 Nh 286 钛

迄今为止，人类只制造出了寥寥几个钛原子，而它们在问世几秒钟后就衰变掉了。最终，日本研究团队被认定为该元素的第一发现者，他们将这种元素命名为"钛（Nihonium）"，取自日本国名"Nihon"（日语读法）。

[钛] 20℃下：固体

熔点：未知

沸点：未知

颜色：未知

114 Fl 290 铁

为了制造出一个铁原子，一个俄罗斯研究团队向钛靶发射了 500 亿亿个钙原子。铁的性质很难说清，但它似乎既像金属又像稀有气体。所以，它和镉一起被称为"挥发性金属"。

[铁] 20℃下：固体

熔点：未知

沸点：未知

颜色：未知

115 Mc 290 镆

迄今为止，只有区区几个镆原子在俄罗斯杜布纳被制造出来。因此，科学家以俄罗斯首都莫斯科（Moscow）将它命名为镆（Moscovium）。它可能是一种固体金属，会迅速衰变成其他元素，比如钛。

[镆] 20℃下：固体

熔点：未知

沸点：未知

颜色：未知

116 Lv 293 鉝

俄罗斯科学家用钙离子轰击镉靶，率先制造出了鉝（Livermorium）。不过，他们决定以美国劳伦斯利弗莫尔国家实验室所在地利弗莫尔（Livermore）市来为它命名，因为该实验室为他们提供了实验所用的镉。鉝不易制造，人们对它也知之甚少。

[鉝] 20℃下：固体

熔点：未知

沸点：未知

颜色：未知

词语解释

半导体（Semiconductor）：导电性能介于金属和非金属之间的材料，通常由准金属化合物构成。

半衰期（Half-Life）：放射性元素中一半的原子核发生衰变所需的时间。

超新星（Supernova）：巨大恒星在燃料耗尽时所发生的剧烈爆炸。

臭氧（Ozone）：一种无色气体，是氧气的一种化学性质不稳定且有毒的同素异形体。

磁铁（Magnet）：某种能够吸引铁、钴、镍、钆及其合金的物质或物体。

催化剂（Catalyst）：一种可以加快化学反应速率而自身却不发生任何持久变化的物质。

催化转化器（Catalytic Converter）：一种用于发动机（如汽车发动机）的控制装置，在将废气从污染气体转变为污染较少的气体的反应中，装置中的元素可以起到催化剂的作用。

导电（热）性（Conductivity）：某种材料传导电流或热量的能力。

电磁铁（Electromagnet）：一种通电后具有磁性的线圈装置。

电子（Electron）：围绕原子核运行的带负电荷的粒子。

惰性（Inert）：物质不大可能或根本不能发生化学反应的特性。

反应（React）：一种物质遇上其他物质发生化学变化的现象。

放射物（性）（Radioactivity）：核辐射的辐射源，也指元素的放射属性。

放射性衰变（Radioactive Decay）：放射性元素的原子核发生的自然分裂。

分子（Molecule）：按照规律结合在一起的一组原子，是保持物质化学性质的基本微粒。

辐（放）射（Radiation）：任何从源头辐射出来的东西——可以是波，如光线或声音；也可以是一束看不见的粒子，如中子。

腐蚀（Corrosion）：一种发生在金属表面的化学分解现象。

固态（体）（Solid）：构成物质的粒子紧密地聚集在一起、不能到处移动的状态。

合金（Alloy）：金属的混合物或金属与非金属元素的混合物。

核（Nuclear）：与核有关的，原子的核心。

核磁共振扫描仪（MRI Scanner）：一种可以提供人体各部分详细图像的医学诊断机器。

核反应堆（Nuclear Reactor）：一种通过进行并控制核裂变反应来释放能量的结构。

核聚变（Fusion）：轻原子核结合形成较重的原子核，过程中有能量释放出来。

核裂变（Fission）：一个较重的原子核分裂成两个较轻的原子核，过程中有能量释放出来。

红外线（Infrared）：一种肉眼看不见的、可以感觉到热量的长波电磁辐射。

化合物（Compound）：由两种或两种以上的元素，通过化学方式结合或连接在一起所形成的物质。

混合物（Mixture）：由不同物质混合而成的物

质，这些物质之间没有化学上的结合。

激光（Laser）：一种可用于外科手术、测量等用途的强烈光束。

碱（Alkali）：一种可溶于水的化学物质，化学性质与酸相反，会使石蕊试纸变成蓝色。

晶体（Crystal）：一种由原子、离子或分子构成的具有规则微观结构的固体，如金属。也可以指某种具有特定几何形状的矿物。

矿石（Ore）：含有可利用金属的矿物或岩石。

矿物（Mineral）：某种具有特定化学成分、通常由晶体构成的天然固体。几乎所有岩石都是由矿物构成的。

离子（Ion）：失去或获得至少一个电子，因而带正电荷或负电荷的原子。

粒子加速器（Particle Accelerator）：一种利用磁铁在轨道上加速亚原子粒子的机器，可以制造粒子之间的碰撞并释放能量，还可能制造出新的粒子或元素。

气态（体）（Gas）：构成物质的分子或原子可以自由运动的状态，使物质能够充满所在的容器。

燃烧反应（Combustion）：物质与空气中的氧气发生的一种反应，反应中产生的能量以光和热的形式传递给周围环境。

人造元素（Synthetic）：在核反应堆或粒子加速器中人工合成的元素。

酸（Acid）：一种具有腐蚀性的化学物质，会使PH试纸或石蕊试纸变成红色。

碳氢化合物（Hydrocarbon）：一种在有氧条件下燃烧产生二氧化碳和水，并且发光、放热的化合物。

同素异形体（Allotrope）：由同一元素构成的两种或两种以上的不同物质，具有不同性质，但又有相同形态（固体、液体或气体）。例如，金刚石是碳的同素异形体之一。

同位素（Isotope）：同种元素的不同原子形态，它们彼此有相同数量的电子和质子，但中子的数量不同。

X射线、X光（X-Ray）：一种可被人体组织吸收的高频电磁能量波，在医学上用于生成人体内部的图像。

氧化（Oxidation）：物质与氧化合的过程。

液态（体）（Liquid）：物质介于固体和气体之间的状态，可以流动，并且总是呈现出所在容器的形状。

荧光（Fluorescence）：某些物质在紫外线照射下发出的有色光。

元素（Element）：核内质子数相同的一类原子的总称。

原子（Atom）：元素的基本单位，由更小的粒子（质子、中子和电子）组成。

原子核（Nucleus）：原子中间带正电荷的核心部分，由中子、质子构成，几乎占据了原子的全部质量。

原子序数（Atomic Number）：原子核中的质子数。

陨石（Meteorite）：来自外太空的岩石碎片没有在大气中完全燃烧掉，最终降落在地球表面的部分。

质子（Proton）：原子核中带正电荷的粒子。

中子（Neutron）：原子核中不带电荷的粒子，比质子稍大。

紫外线（Ultraviolet Radiation, UV）：一种不可见的电磁波，其波长比可见光短，比X射线长。

索引

感谢瑞安和奥莉维亚，你们是我生命的氧气！

致敬过去、现今和未来所有的科学家！

——史帆·佩特

社图号24001

ANIMATED SCIENCE: PERIODIC TABLE
Illustrated by Shiho Pate
Written by John Fardon
Text copyright © 2021 by Scholastic Inc.
Illustrations copyright © 2021 by Shiho Pate
All rights reserved.
Published by arrangement with Scholastic Inc., 557 Broadway, New York, NY 10012, USA
Arranged through Inbooker Cultural Development (Beijing) Co., Ltd.

北京市版权局著作权合同登记图字：01-2024-0673 号

图书在版编目（CIP）数据

元素周期表 /（英）约翰·范登（John Farndon）著；
（美）史帆·佩特（Shiho Pate）绘；朱梦珂译. --北
京：北京语言大学出版社，2024.6（2025.1重印）
（生动的科学）
ISBN 978-7-5619-6499-6

Ⅰ.①元… Ⅱ.①约… ②史… ③朱… Ⅲ.①化学元
素周期表－少儿读物 Ⅳ.①O6-64

中国国家版本馆CIP数据核字（2024）第 056191 号

元素周期表
YUANSU ZHOUQIBIAO

| 项目策划：阅思客文化 | 责任编辑：郑　炜 | 责任印制：周　焱 |

出版发行：北京语言大学出版社
社　　　址：北京市海淀区学院路 15 号，100083
网　　　址：www.blcup.com
电子信箱：service@blcup.com
电　　　话：编 辑 部　8610-82303670
　　　　　　国内发行　8610-82303650/3591/3648
　　　　　　海外发行　8610-82303365/3080/3668
　　　　　　北语书店　8610-82303653
　　　　　　网购咨询　8610-82303908
印　　　刷：北京中科印刷有限公司

版　次：2024 年 6 月第 1 版	印　次：2025 年 1 月第 3 次印刷
开　本：787 毫米 × 1092 毫米　1/16	印　张：8.75
字　数：113 千字	定　价：68.00 元

PRINTED IN CHINA

凡有印装质量问题，本社负责调换。售后 QQ 号 1367565611，电话 010-82303590

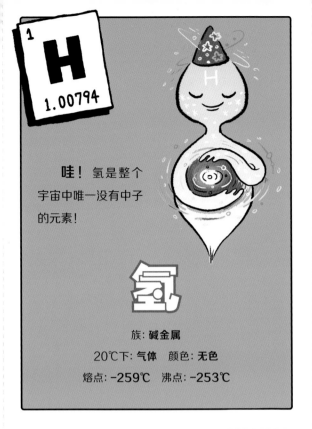

1
H
1.00794

哇！氢是整个宇宙中唯一没有中子的元素！

氢

族：碱金属

20℃下：气体　颜色：无色

熔点：-259℃　沸点：-253℃

2
He
4.002602

哇！氦气如此之轻，以至于地球引力根本抓不住它。

氦

族：稀有气体

20℃下：气体　颜色：无色

熔点：-272℃　沸点：-269℃

3
Li
6.941

哇！锂是最轻的金属，它存在于你的手机、笔记本电脑和照相机的充电电池里。

锂

族：碱金属

20℃下：固体　颜色：银白色

熔点：181℃　沸点：1342℃

6
C
12.0107

哇！你根本无法熔化一颗钻石！它永远不会变成液体，它会直接变成蒸气！

碳

族：非金属

20℃下：固体　颜色：银白色

熔点：3550℃　沸点：3825℃

生动的科学

元素周期表

生动的科学

元素周期表

生动的科学

元素周期表

生动的科学

元素周期表

7

N

14.00674

哇！氮是构成核酸和蛋白质的基本元素之一，又被称为"生命元素"。

氮

族：非金属

20℃下：气体　颜色：无色

熔点：-210℃　沸点：-196℃

8

O

15.999

哇！当无色的氧气处于液体状态时，会呈现为淡蓝色。

氧

族：非金属

20℃下：气体　颜色：无色

熔点：-219℃　沸点：-183℃

10

Ne

20.1797

哇！当温度超低的液氖和液氦混合在一起时，可以使物体保持极低的温度。

氖

族：稀有气体

20℃下：气体　颜色：无色

熔点：-249℃　沸点：-246℃

11

Na

22.98977

哇！你身体的0.15%都是钠！它是人体中含量第9的元素。

钠

族：碱金属

20℃下：固体　颜色：银白色

熔点：98℃　沸点：883℃

生动的科学

生动的科学

生动的科学

生动的科学

12
Mg
24.305

哇！如果你的生日蜡烛吹不灭，会不断复燃，那绝不是魔法，肯定是镁在搞怪！

镁

族：碱土金属

20℃下：固体　颜色：银白色

熔点：650℃　沸点：1090℃

13
Al
26.982

哇！铝在过去十分难得，所以曾有"帝王金属"的美称。

铝

族：贫金属

20℃下：固体　颜色：银白色

熔点：660℃　沸点：2470℃

14
Si
28.0855

哇！2021年，科学家们造出了第一枚4纳米计算机硅芯片。

硅

族：准金属

20℃下：固体　颜色：灰黑色，金属光泽

熔点：1414℃　沸点：3265℃

16
S
32.066

哇！世界上最早的爆炸火药就是用臭烘烘的硫黄制作的。轰！

硫

族：非金属

20℃下：固体　颜色：黄色

熔点：115℃　沸点：445℃

生动的科学

元素周期表

生动的科学

元素周期表

生动的科学

元素周期表

生动的科学

元素周期表

19 K 39.0983

哇！为了保持健康，你要多吃香蕉和新鲜蔬菜。它们虽然看上去不像金属，但却富含钾！

钾

族：碱金属

20℃下：**固体** 颜色：**银白色**

熔点：**63℃** 沸点：**759℃**

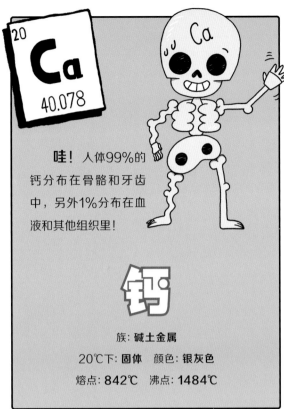

20 Ca 40.078

哇！人体99%的钙分布在骨骼和牙齿中，另外1%分布在血液和其他组织里！

钙

族：碱土金属

20℃下：**固体** 颜色：**银灰色**

熔点：**842℃** 沸点：**1484℃**

22 Ti 47.867

哇！如果你想要更多的钛，那去月球吧！那儿的岩石中，钛占比10％！

钛

族：过渡元素

20℃下：**固体** 颜色：**银色**

熔点：**1668℃** 沸点：**3287℃**

26 Fe 55.845

哇！铁是巨大恒星的归宿。当恒星的核心变成铁时，它很快就会爆炸或者坍缩成黑洞！

铁

族：过渡元素

20℃下：**固体** 颜色：**银灰色**

熔点：**1538℃** 沸点：**2861℃**

生动的科学

元素周期表

生动的科学

元素周期表

生动的科学

元素周期表

生动的科学

元素周期表

29

Cu

63.546

哇！冰人奥茨冻僵在阿尔卑斯山上，直至5300年后才被人们发现，而他的斧头几乎是纯铜做的！

铜

族：过渡元素

20℃下：**固体**　颜色：**红橙色**

熔点：**1084℃**　沸点：**2562℃**

47

Ag

107.868

哇！银的化合物可以制成药膏，防治烧伤感染。

银

族：过渡元素

20℃下：**固体**　颜色：**亮银色**

熔点：**962℃**　沸点：**2162℃**

79

Au

196.96655

哇！把普通金属变成黄金是中世纪炼金术士孜孜以求的目标，现代核科学家们却做到了这一点。

金

族：过渡元素

20℃下：**固体**　颜色：**金黄色**

熔点：**1064℃**　沸点：**2856℃**

80

Hg

200.592

1937年的巴黎国际博览会上，展出了一个用水银制作的喷泉。今天，你仍然可以在西班牙巴塞罗那的米罗基金会看到它在喷涌。

汞

族：过渡元素

20℃下：**液体**　颜色：**银色**

熔点：**-39℃**　沸点：**357℃**

82
Pb
207.2

哇！古罗马人用铅管引水，用铅杯喝酒，甚至用铅锅煮饭……这太可怕了！

铅

族：贫金属

20℃下：固体　颜色：灰色

熔点：327℃　沸点：1749℃

85
At
210

哇！砹是世界上最稀有的自然元素，它在世界上的存量都只有大约28克！

砹

族：卤族元素

20℃下：固体　颜色：未知

熔点：302℃　沸点：337℃

92
U
238.02891

哇！维多利亚时代的人们非常喜欢一种含铀的绿光玻璃。这种玻璃有非常轻微的放射性，但它的绿光只是一种荧光，不是放射现象！

铀

族：锕系

20℃下：固体　颜色：银灰色

熔点：1132℃　沸点：4131℃

118
Og
294

哇！没有人知道它究竟是一种固体，还是有史以来密度最大的气体。

鿫

族：稀有气体

20℃下：气体　颜色：未知

熔点：未知　沸点：未知